◎ "高职技艺技能技术创新工程"系列丛书

土壤肥料应用与管理
TU RANG FEI LIAO YING YONG YU GUAN LI

章 春 朱义龙 著

合肥工业大学出版社

图书在版编目(CIP)数据

土壤肥料应用与管理/章春,朱义龙著. —合肥:合肥工业大学出版社,2013.5(2017.1重印)

ISBN 978-7-5650-1301-0

Ⅰ.①土… Ⅱ.①章…②朱… Ⅲ.①土壤肥力—高等职业教育—教材 Ⅳ.①S158

中国版本图书馆 CIP 数据核字(2013)第 084258 号

土壤肥料应用与管理

章 春 朱义龙 著		责任编辑 郭娟娟 魏亮瑜	
出 版	合肥工业大学出版社	版 次	2013 年 5 月第 1 版
地 址	合肥市屯溪路 193 号	印 次	2017 年 1 月第 2 次印刷
邮 编	230009	开 本	710 毫米×1000 毫米 1/16
电 话	人文编辑部:0551-62903205	印 张	13
	市场营销部:0551-62903198	字 数	240 千字
网 址	www.hfutpress.com.cn	印 刷	合肥现代印务有限公司
E-mail	hfutpress@163.com	发 行	全国新华书店

ISBN 978-7-5650-1301-0 定价:30.00 元

如有影响阅读的印装质量问题,请与出版社市场营销部联系调换。

前　言

　　土壤是一个国家最重要的不可替代的自然资源,是农业生产的基础;肥料是农业优质高产的保证,是植物的粮食。高职院校主干课程跨专业整合与教学内容优化是当前人才培养和素质教育发展的需要,是课程改革发展的必然。为适应新形势的发展需要,培养高技能应用型人才,提升种植类专业学生的综合技能,拓展学生适应工作岗位的能力,我们撰写了《土壤肥料应用与管理》这本书。

　　本书在撰写中,紧扣种植类各专业对土壤肥料知识和技能的要求,注重突现"加强基础,淡化专业,拓宽专业面,重视应用"的原则,力求体现土壤肥料科学中新知识、新技术、新动向;尽可能加强有利于学生能力培养、可操作性强的内容,为各项种植类生产提供必需的基础理论和专业技能。为此,在书的体系上作了大胆的创新改革,将土壤、肥料、相关土壤肥料法律法规有机地交互融合成一个整体,以"土"、"肥"的辩证关系为中心,建立了土壤肥料学新的课程体系;以整个种植类生产的特点和需要为出发点,设置课程内容。除土壤肥料的基本理论外,增加了现代新型肥料及各项施肥新技术,各类常规肥料的有效合理施用技术,土壤肥料法律法规等内容,基本上反映了本学科的前沿动向,有较强的时代特征,具有起点高、目的明确、应用性强的特点。

　　本书共分十五章,主要内容有土壤肥料概述;土壤矿物质;土壤有机质;土壤水;土壤空气和热量;土壤孔性、结构性和耕性;土壤保肥性和供肥性;土壤形成与分布;植物营养与施肥原理;土壤氮素营养与氮肥;土壤磷素营养与磷肥;土壤钾素营养与钾肥;土壤中的钙、镁、硫素及钙、镁、硫肥;植物的微量元素营养与微量元素肥料;复混肥料;有机肥料;土壤肥料法律法规等内容。

　　植物保护专业是传统的大农业专业,在新形势下,如何提升植物保护专业为农业服务的能力,如何培养出社会需要的高技能应用性创新型人才，是摆在高等农业职业教育者面前的重大课题。本课题得到教育部"高等职业学校提升（植物保护）专业服务产业发展能力建设"和安徽省质量工程"农林类专业卓越技能型人才创新实验区"项目的支持。土壤肥料应用与管理是高职植物保护专业学生必须具备的重要技能。《土壤肥料应用与管理》是根据土壤肥料应用与管理岗位所需的专业知识和职业能力要求来撰写的。在撰写过程中本着以工作过程为导向，以职业技能为主线，以知识与技能融合为抓手，让读者了解土壤肥料方面的基本知识，掌握识土、用土、改土技术，掌握科学施肥技术，熟悉土壤与肥料管理相关法律法规。本书的出版，不仅是"高等职业学校提升（植物保护）专业服务产业发展能力建设"和"农林类专业卓越技能型人才创新实验区"建设的成果，也是土壤肥料应用与管理领域的科研成果。

本书内容力求反映土壤肥料应用与管理的最新技术、方法和成果，由于作者水平有限，不足之处在所难免，敬请读者批评指正。本书在撰写过程中，参阅了大量文献，值此书出版之际，向书中所引用著作的作者表示最真诚的谢意；也向安庆职业技术学院和安庆市土肥站给予的大力支持表示衷心的感谢！

编　者
2013 年 6 月

目 录

前 言 ……………………………………………………………………………（001）

绪 论 ……………………………………………………………………………（001）

 第一节 土壤肥料在农业生产及生态系统中的地位和作用 ……（001）

 第二节 土壤与肥料学的基本概念 …………………………………（002）

 第三节 土壤肥料学发展概况 ………………………………………（005）

第一章 土壤矿物质 ………………………………………………………（008）

 第一节 成土矿物、岩石及母质 ……………………………………（008）

 第二节 土壤粒级、质地及其性质 …………………………………（012）

第二章 土壤有机质 ………………………………………………………（019）

 第一节 土壤有机质的来源、含量及其组成 ……………………（019）

 第二节 土壤有机质的分解和转化 …………………………………（020）

 第三节 土壤腐殖物质的形成和性质 ………………………………（025）

 第四节 土壤有机质的作用及管理 …………………………………（027）

第三章 土壤水 ……………………………………………………………（030）

 第一节 土壤水分类型与有效性 ……………………………………（030）

 第二节 土壤水能量 …………………………………………………（033）

 第三节 土壤水运动 …………………………………………………（036）

 第四节 土壤水的调控 ………………………………………………（039）

第四章 土壤空气和热量 …………………………………………………（041）

 第一节 土壤空气 ……………………………………………………（041）

 第二节 土壤热量 ……………………………………………………（043）

第五章　土壤孔性、结构性和耕性 …………………………………… (047)

第一节　土壤孔性 ………………………………………………… (047)
第二节　土壤结构性 ……………………………………………… (049)
第三节　土壤耕性 ………………………………………………… (052)

第六章　土壤保肥性和供肥性 ……………………………………… (056)

第一节　土壤胶体及其基本特性 ………………………………… (056)
第二节　土壤保肥性、供肥性与植物生长 ……………………… (061)
第三节　土壤的吸附保肥作用 …………………………………… (063)
第四节　影响土壤供肥性的化学条件 …………………………… (069)
第五节　土壤酸碱性与氧化还原性 ……………………………… (071)
第六节　土壤氧化还原性 ………………………………………… (079)

第七章　土壤形成与分布 …………………………………………… (082)

第一节　土壤形成 ………………………………………………… (082)
第二节　土壤分布 ………………………………………………… (086)
第三节　我国土壤分类 …………………………………………… (087)

第八章　植物营养与施肥原理 ……………………………………… (089)

第一节　植物必需营养元素 ……………………………………… (089)
第二节　植物对养分的吸收 ……………………………………… (091)
第三节　影响植物吸收养分的环境条件 ………………………… (100)
第四节　植物的营养特性 ………………………………………… (105)
第五节　合理施肥的基本原理与技术 …………………………… (109)

第九章　土壤氮素营养与氮肥 ……………………………………… (115)

第一节　土壤中的氮素及其转化 ………………………………… (115)
第二节　氮肥的种类、性质与施用 ……………………………… (119)
第三节　氮肥的合理施用 ………………………………………… (126)

第十章　土壤磷素营养与磷肥 ……………………………………… (129)

第一节　土壤中的磷素及其转化 ………………………………… (129)
第二节　磷肥种类、性质与施用 ………………………………… (130)
第三节　磷肥的合理施用 ………………………………………… (134)

第十一章　土壤钾素营养与钾肥 …… (136)
第一节　土壤中钾的形态和转化 …… (136)
第二节　钾肥的种类、性质与施用 …… (137)
第三节　钾肥的合理分配和施用 …… (139)

第十二章　土壤中的钙、镁、硫素及钙、镁、硫肥 …… (141)
第一节　土壤中的钙、镁、硫素 …… (141)
第二节　钙、镁和硫肥的种类与施用 …… (142)

第十三章　植物的微量元素营养与微量元素肥料 …… (144)
第一节　植物的微量元素营养 …… (144)
第二节　土壤中的微量元素 …… (150)
第三节　微量元素肥料及施用 …… (151)

第十四章　复混肥料 …… (154)
第一节　概述 …… (154)
第二节　混合肥料生产 …… (157)
第三节　复混肥料的施用 …… (160)

第十五章　有机肥料 …… (163)
第一节　有机肥料概述 …… (163)
第二节　有机肥料的腐熟与管理 …… (164)
第三节　有机肥料的主要类型 …… (165)
第四节　有机肥利用存在的问题及对策 …… (169)

附　录 …… (170)
中华人民共和国土地管理法 …… (170)
中华人民共和国土地管理法实施条例 …… (184)
肥料登记管理办法 …… (193)

参考文献 …… (199)

绪　论

俗话说"民以食为天，食以土为本"、"庄稼一枝花，全靠肥当家"、"品种确定以后，有收无收在于水，收多收少在于肥"，土壤肥料学就是要了解和掌握土壤肥料的基本理论和基本技术等，以便更好的识土、用土和改土，合理施用肥料，达到提高经济效益，同时保护环境的目的。

第一节　土壤肥料在农业生产及生态系统中的地位和作用

21世纪怎么养活13亿中国人？只有靠我们自己，利用土壤、肥料和其他科技提高单位面积产量。

一、土壤是农业最基本的生产资料和农业生产链环中物质与能量循环的枢纽

在人类赖以生存的物质生活中，人类消耗的约80％以上的热量，75％以上的蛋白质和大部分的纤维都直接来自于土壤。

农业生产环节：植物生产——动物生产——土壤管理。第一、二环节未被利用的残体通过土壤管理归还土壤，培肥土壤，提高肥力，进一步促进第一、二环节的生产，使物质和能量得以循环利用。

二、土壤是自然界具有再生作用的自然资源

土壤资源的再生性与质量的可变性：治之得宜，地力常新。

土壤资源数量的有限性：土壤资源的破坏＝吃祖宗的饭，断子孙的路。

土壤资源空间分布上的固定性：土壤具有地带性分布规律。

从某种意义上说，土壤是不可再生资源，因为土壤的形成需上百年甚至上千年，但毁坏却是很短的一段时间，因此我们要合理利用土壤资源，不断提高土壤肥力，发挥其再生作用，而不能任意污染和破坏它。

三、土壤是农业生态系统的重要组成部分

参见图 0-1。

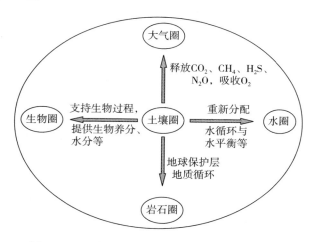

图 0-1　土壤圈是农业生态系统的重要组成部分

四、土壤肥料是农业生产各项技术措施的基础

在种植业的各项栽培技术中,至少应考虑 8 个基本因素,即土、肥、水、种、密、保、工和管。其中,土是核心,肥则是与土关系最密切的技术措施,"土肥不分家"、"肥肥土,土肥苗"等。

总之,要实行科学种田,就必须在了解土壤性质,只有在掌握科学施肥的基础上,才能充分发挥其他各项农业栽培技术措施的增产潜力。

五、肥料是农业优质高产的保证

肥料是植物的粮食。英国洛桑实验站长达 150 多年的长期定位试验结果表明:农作物增产有一半来自肥料,一半来自种子、农药等。

第二节　土壤与肥料学的基本概念

一、土壤学

（一）土壤的定义

土壤可以泛指具有特殊形态、结构、性质和功能的自然体。

特殊形态：地球陆地表面；

特殊结构：疏松多孔；

特殊性质：具有肥力特征；

特殊功能：能生长绿色植物。

新定义：土壤是在地球表面生物、气候、母质、地形、时间等因素综合作用下所形成的能够生长植物的、处于永恒变化中的疏松矿物质与有机质的混合物。侯光炯认为，土壤不是与岩石一样的非生物，也不是有五官四肢的生物，它是由有机物、无机物和微生物等组成的具有代谢、调节功能的类生物体。

（二）土壤组成

土壤由矿物质、有机质、土壤生物（固相）、土壤水分（液相）及土壤空气（气相）三相五种物质组成的多相多孔分散体系。

（三）土壤肥力

土壤肥力是土壤最本质的特性和最基本属性。

1. 土壤肥力的定义

狭义的土壤肥力是指土壤供应给植物生长所必需的养分的能力。

威廉斯认为，土壤肥力是土壤在植物生活的全部活动过程中，同时不断地供给植物以最大限度的有效养分和水分的能力。

因此，目前一般认为"土壤肥力就是土壤在植物生长发育过程中，同时不断地供应和协调植物需要的水分、养分、空气、热量及其他生活条件的能力（扎根条件和无毒害物质的能力）"，所以把水、肥、气、热称为四大肥力要素。

侯光炯认为，土壤肥力是指在天地人物相互影响、相互制约的过程中，通过太阳辐射直接或间接作用于土壤胶体的情况下，土壤稳、匀、足、适的供应植物生长所需的水、肥、气、热的能力。

2. 土壤肥力分类

（1）按形成原因分类

自然肥力：土壤在自然成土因素综合作用下发展起来的肥力，是自然成土过程中的产物，其发展是非常缓慢的。

人工肥力：人类在自然土壤的基础上通过耕种、熟化过程而发展起来的肥力，是人类劳动的产物，并随人类对土壤认识的不断深化及科学技术水平的不断提高而得到迅速发展。

一般，自然土壤具有自然肥力，农业土壤具有自然肥力和人工肥力。

（2）按对植物的有效性分类

有效肥力：对当季作物有效的肥力。

潜在肥力：受外界环境条件影响当季无效，经改良后可转化为有效的那部分肥力。

两种肥力可以相互转化，在人类利用土壤资源过程中要科学管理，尽量使潜在肥力转化为有效肥力。

3. 土壤肥力与土壤生产力

土壤生产力是土壤产出农产品的能力。由土壤肥力和发挥肥力作用的外部条件共同决定。

一般，土壤肥力高，土壤生产力不一定高；土壤生产力高，土壤肥力也高。

二、肥料学

（一）肥料的定义

凡是施入土壤中或喷洒于植物体，能直接或间接供给植物养分、增加植物产量、改善产品品质、改良土壤性状、提高土壤肥力的物质，统称为肥料。

（二）肥料分类

肥料种类繁多，从不同的角度可以进行不同的分类（如表0-1所示）。

表0-1 不同肥料的分类情况

分类依据	类型	含义	示例
来源与组分	有机肥料	又称农家肥，是指利用各种有机物质就地积制或直接耕埋施于土壤以提供植物养分的一类自然肥料	人粪尿、厩肥、绿肥等
	无机肥料	又称化学肥料，多由工厂经过化学工业加工合成的或采用天然矿物生产的含有高营养元素的无机化合物	尿素、过磷酸钙、硫酸钾等
	生物肥料	又称微生物肥料，是指依赖含活性有益微生物的特定制品，应用于农业生产中，能够获得特定的肥料效应	根瘤菌肥料、磷细菌肥料等
	有机无机肥料	是指标明养分的有机和无机物质的产品，由有机肥料和无机肥料混合或化合制成	有机无机复混肥
有效养分组成	单质肥料	氮、磷、钾三种养分或微量元素养分中，仅有一种养分标明量的化学肥料	碳酸氢铵、氯化钾、硼砂等
	复混肥料	同时含有氮、磷、钾中两种或两种以上营养元素的化学肥料	磷酸二氢钾、尿素磷铵等

(续表)

分类依据	类型	含义	示例
肥料的效用方式	速效肥料	养分易为植物吸收、利用，肥效快的肥料	碳酸氢铵、硝酸铵等
	缓效肥料	养分所呈的集合状态，能在一定时间内缓慢释放，供植物持续吸收利用的肥料	尿素甲醛、硫衣尿素等
肥料的化学性质	碱性肥料	化学性质呈碱性的肥料	碳酸氢铵等
	酸性肥料	化学性质呈酸性的肥料	过磷酸钙等
	中性肥料	化学性质呈中性或接近中性的肥料	尿素等
肥料的反应性质	生理碱性肥料	养分经植物吸收利用后，残留部分导致土壤环境酸度降低的肥料	硝酸钠等
	生理酸性肥料	养分经植物吸收利用后，残留部分导致土壤环境酸度提高的肥料	氯化铵、硫酸铵、硫酸钾等
	生理中性肥料	养分经植物吸收利用后，无残留部分或残留部分对土壤环境酸碱度不改变的肥料	硝酸铵等

第三节 土壤肥料学发展概况

一、世界发展概况

土壤肥料学作为一门独立学科，其发展是从19世纪中叶才有明显的起步，逐步形成了几个比较有影响的学派及观点。

（一）农业化学土壤学派

该学派以德国化学家李比希为创始人，他于1840年出版了名为《化学在农业和生理学上的应用》一书，指出了大田产量随施入土壤的矿质养分的多少而相应变化；土壤是植物养分的贮存库，植物靠吸收土壤和肥料中的矿质养分而滋养；植物长期吸收消耗土壤中的矿质养分，会使土壤库中的矿质养分越来越少；为了弥补土壤库养分储量的减少，可以通过施用化学肥料和轮栽等方式如数归还给土壤，以保持土壤肥力的永续不衰。这些就是农业化学土壤学派的主要观点。

农业化学土壤学派的主要观点，开辟了用化学理论和化学方法来研究土壤及植物营养的新领域，并进一步发展了土壤分析化学、土壤化学、植物营养学等学科。李比希的矿质营养学说、养分归还学说、最小养分率等理论为研究植物营养、指导合理施肥、化肥工业产生和发展奠定了理论基础。

由于时代的局限，农业化学土壤学派的观点难免有一些缺点和不足之处。该观点过分强调用纯化学理论来看待复杂的土壤问题，过分强调矿质养分在土壤肥力上的作用；简单、机械地把土壤看做植物的"养分库"，忽视了土壤中的有机质、微生物、动物在改良土壤、改善植物营养环境上所起的综合作用；把土壤与植物之间的复杂关系简单地看成植物从土壤中吸收、消耗矿质养分的过程，忽视了它们之间复杂的物质和能量转化关系。

（二）农业地质土壤学观点

19世纪后半叶，德国地质学家法鲁、李希霍芬、拉曼等用地质学观点来研究土壤，提出了农业地质土壤学观点。他们把土壤的形成过程看做岩石的风化过程，认为土壤是岩石经过风化而形成的地表疏松层，是岩石风化的产物，是变化、破碎中的岩石，土壤的类型取决于岩石的风化类型。这就是农业地质土壤学派的主要观点。

农业地质土壤学观点开辟了从矿物学研究土壤的新领域，加深了对土壤的基本"骨架"矿物质的认识，揭示了风化作用在土壤形成中的作用。但是该观点只强调了土壤与岩石、母质之间相互联系的一面，忽视了土壤与岩石、母质之间的本质区别，忽视了生物在土壤形成和肥力发展中所起的作用。

（三）土壤发生学派

19世纪70～80年代，俄罗斯土壤学家B.B道库恰耶夫创立了土壤发生学派，该观点认为土壤的形成是风化作用和成土作用综合作用的结果，土壤有它自己的发生、发育历史，是独立的历史自然体，影响土壤发生、发育的因素是母质、气候、地形、生物、时间等五大成土因素。

道库恰耶夫的继任者威廉斯在其学说的基础上创立了土壤统一形成学说，指出了土壤是以生物为主导的各种成土因子长期综合作用的产物，物质的地质大循环和生物小循环的矛盾统一是土壤形成的实质。该观点也称为生物发生学派。

上世纪40年代，美国的H.詹尼用函数关系定量对土壤与环境因子之间的联系进行相关分析，提出了土壤与五大成土因子的函数关系为 $s=f(cl、o、r、p、t\cdots)$，s：土壤；cl：气候；o：生物；r：地形；p：母质；t：时间，函数中每一个成土因素都是独立的变量。在任何一个地区，其中某一个因子可能变化大，而其他的因子可能变化小。从这个意义上可以定量地对土壤与环境之间的发生学联系进行多相相关分析。

（四）现代土壤科学的新观点

土壤生态系统——以土壤生物和土壤为主体的部分或土壤——植物系统与环境之间相互作用的系统总体。

土壤科学突破传统的土体本身结构、功能及其内在联系的范围，强调了土壤与外界各种环境因素之间的物质、能量的交换及其相互影响。

20世纪60年代前：作物生产——独轮驱动。

20世纪60年代后：作物生产和环境质量保护——双轮驱动。

二、我国发展概况

1949年前，土壤肥料科学研究远落后于发达国家。

1949年后，土壤肥料科学迅速发展，取得了十分显著的成就。

1958、1978两次全国土壤普查，基本摸清了我国的土壤资源特性和数量。

化肥施用方面：

（1）数量愈来愈多（纯养分由建国初0.6万吨增加2005年4323.64万吨）；

（2）以有机肥为主变为以化肥为主（20世纪50年代，有机肥占95%以上；20世纪90年代，占40%或更少）；

（3）肥料中养分结构更复杂（20世纪50年代单施氮肥；20世纪60年代增施磷肥；20世纪70年代增施钾肥；现在增施微肥）。

第一章 土壤矿物质

岩石风化形成的矿物质颗粒统称为土壤矿物质（soil mineral matter）。土壤矿物质是土壤的主要组成物质，一般占土壤固相部分重量的95%～98%，故土壤矿物质的组成、结构和性质对土壤性质影响极大。土壤是由岩石经过复杂的风化过程和成土过程形成的，即岩石→母质→土壤，所以土壤矿物质组成也是鉴定土壤类型、识别土壤形成过程的基础。

第一节 成土矿物、岩石及母质

一、主要成土矿物

（一）矿物的定义及其分类

1. 矿物的定义

矿物是一类天然产生于地壳中且具有一定的化学组成、物理特性和内部构造的化合物或单质。

虽然在自然界发现的矿物有3000多种，但是与土壤有关的不过十几种，这些矿物称为成土矿物。

2. 矿物的分类

按照矿物的起源可分为原生矿物和次生矿物。

（1）原生矿物：来自母岩；仅经物理机械作用、破碎变小，没有改变化学组成和结晶结构的原始成岩矿物。

主要包括以下几类。

硅酸盐类：橄榄石、辉石、角闪石、云母、长石；

氧化物类：石英，赤铁矿；

磷酸岩类：磷灰石。

（2）次生矿物：由原生矿物分解转化而来，其组成和性质发生改变而形成的新矿物。

主要包括以下几类。

次生层状硅酸盐：高岭石、蒙脱石、水云母、蛭石、绿泥石；

氧化物及其水化物：氧化铁、氧化铝、氧化硅、氧化锰；

碳酸盐：方解石（$CaCO_3$）、白云石[$CaMg(CO_3)_2$]。

其中，前两类次生矿物是粘粒的重要组成部分，所以又称粘土矿物。

（二）成土矿物的化学组成

地壳中氧、硅、铝、铁、钙、镁、钠、钾、钛、碳等10种元素占土壤矿物质总量的99％以上，这些元素中以氧、硅、铝、铁四种元素含量较多，其中硅酸盐最多。

在地壳中，植物生长必须要的营养元素含量很低且分布很不平衡，远不能满足植物和微生物营养的需要。

土壤矿物质的化学组成很复杂，几乎包括地壳中所有的元素。土壤矿物的化学组成一方面继承了地壳中化学组成的遗传特点；另一方面，有的元素在成土过程中增加了（如氧、硅、碳和氮），有的元素则显著下降了（如钙、镁和钾），反映了成土过程中元素的分散、富集特性和生物积聚作用。

二、主要成土岩石

岩石是由一种或几种矿物构成的，是矿物的天然集合体。主要成土岩石包括岩浆岩、沉积岩、变质岩。

岩浆岩：指地球内部熔融岩浆上浸地壳的一定深度或喷出地表冷却凝固所形成的岩石。共性：非碎屑状的块状构造；没有规则的层次排列；不含化石。

沉积岩：地壳表面的岩石经风化、搬运、沉积等作用后，在一定条件下胶结硬化所形成的岩石，约占地表总面积的75％。共性：有明显的层理构造；矿物成分复杂并呈碎屑状组织；有时含有化石。

变质岩：是沉积岩、岩浆岩经过高温高压或受岩浆侵入的影响，其矿物组成、结构、构造，以至化学成分发生剧烈改变后形成的。共性：一般具有片理及片麻构造；矿物质地致密，坚硬；不易风化。例如，片麻岩、石英岩、板岩、片岩、千枚岩、大理岩等。

三、风化作用

风化作用指地表矿物、岩石由于温度变化、水、大气以及生物的作用而发生机械破碎和化学变化的过程，所产生的疏松物质就是土壤母质。

矿物、岩石风化的程度和特点一方面决定于矿物、岩石本身的化学成分和结构；另一方面也取决于外界环境条件。

按照风化作用的因素和特点可分为物理风化、化学风化、生物风化三种类型。

（一）物理风化

物理风化指岩石受物理因素作用而崩解碎裂的过程。

物理风化的因素主要有：温度引起的热胀冷缩，冰冻的挤压，流水的冲刷，风、冰川等自然动力的磨蚀，根系的穿插等。

物理风化的结果：使岩石由大块→小块→细粒，由致密坚硬态→疏松态发生变化，从而使岩石有了对水分和空气的通透性，为岩石的进一步风化，尤其是化学风化创造条件，但没有改变岩石的矿物组成和化学组成。

（二）化学风化

化学风化指岩石由于受到化学因素作用而引起的破坏过程。

化学作用过程主要包括：溶解作用、水解作用、水化作用、氧化作用等。其中，水解作用能使岩石中的矿物发生彻底分解，引起岩石内部矿物组成和性质的彻底改变，所以水解作用被认为是化学风化中最基本、最主要的作用。

水解作用常分为三个阶段：脱盐基，脱硅，富铁、铝。

$$2KAlSi_3O_8 + CO_2 + 2H_2O \rightarrow H_2Al_2Si_2O_8 \cdot H_2O + 2SiO_2 + K_2CO_3$$

（正长石）　　　　　　　　（高岭石）　　　　　（含水二氧化硅）（钾盐）

$$H_2Al_2Si_2O_8 \cdot H_2O + nH_2O \rightarrow Al_2O_3 \cdot nH_2O + 2SiO_2 \cdot mH_2O$$

硅铝铁率 = SiO_2/R_2O_3（$Al_2O_3 + Fe_2O_3$），其作用有：

(1) 判断土壤矿物的风化程度与成土阶段；

(2) 作为土壤分类的数量指标之一；

(3) 代表土壤中酸胶基和碱胶基的数量。

化学风化的结果：使岩石进一步分解，彻底改变了原来岩石的矿物组成和性质；产生了一批新的次生粘土矿物，它们的颗粒很细，一般均小于0.001mm，呈胶体分散状态；使母质开始具有吸附能力、粘性和可塑性，并出现了毛管现象；有一定的蓄水性，同时也释放了一些可溶性盐，是植物养分的最初来源。

（三）生物风化

生物风化指矿物在生物影响下所引起的破坏作用。

主要表现为植物根系的穿插作用，动物的穴居习性对岩石引起的机械破碎作用，以及生物生命活动产生的 CO_2、O_2 以及分泌的各种有机酸、无机酸能加速化学风化的进程。生物风化可促进物理风化和化学风化。

生物风化的结果：一方面加速岩石的风化，更重要的是使风化产物中的植物营养元素能在母质表层累积和集中，同时累积了 OM（有机质胶体），发展了肥力，所以生物参与风化作用，也就意味着成土作用的开始。

四、母质

土壤母质是指岩石的风化产物（疏松多孔），又称成土母质，简称母质。

（一）母质与岩石、土壤的区别

母质的疏松多孔性及对水分和空气的通透性，有利于根系的呼吸作用和营养物质的分解作用。同时，由于母质能吸附一定的水分，增加了导热率和热容量，使其初步具备了调节温度的能力，而不是像岩石那样激烈的升温和降温，这有利于植物的生长。通过化学风化释放一些可溶性盐，这些可溶性盐是植物养分的最初来源。

总体上讲，母质初步具备了肥力要素中的水、肥、气、热条件，但还不是土壤，它还不具备完整的肥力，因为作为土壤肥力要素之一的养分还不能得到充分保障，尤其是植物最需要的氮素。风化所释放出来的养分处于分散状态，会随水流失，母质微弱的吸附力还不能将它们保存下来，更不能累积和集中；母质虽然初步产生了透气性、透水性、蓄水性，但它们还没有完整的统一起来，尤其是水分和空气在母质孔隙中是对立的，水多则空气少，两者还不能很好地协调，这远远不能满足植物生长的需要。

所以母质与岩石相比，初步具备了水、肥、气、热条件，但与土壤相比，水、肥、气、热还不能很好地统一、协调，它只是为肥力的进一步发展打下基础，为成土作用创造条件。

（二）母质类型

岩石风化所形成的母质，很少残留在原来的地方，大部分受自然动力（如水、风、冰川、重力等）的作用而搬运到其他地方，形成各种各样的沉积物。根据风化产物搬运动力和沉积特点的不同，可把成土母质分为以下几类。

1. 残积物

也称原积母质，未经外力搬运而残留在原地的风化产物，多分布在山地和丘陵的较高部位。

特点：没有层次性，母质层薄；颗粒成分不均匀，既有大小岩石碎块，也有砂粘粒；由于直接来源于其下的基岩，母质的理化性质深受基岩影响。

2. 坡积物

在重力和雨水冲刷作用下，将山坡上的风化物搬运到坡脚或谷地堆积而成。

特点：层次稍厚，但无分选性，大小石块混杂，粗粒、细粒混存；由于承受了来自上部的养分、水分及较细的土粒，所以水分、养分较丰富。

3. 洪积物

由山区临时性洪水暴发，洪水挟带岩石碎屑、砂粒、粘粒等物质沿山坡下泻到平缓地带沉积而成的堆积物，形状为扇形。

特点：扇形顶端沉积物分选性差，石砾、粘粒、砂粒混存，而边缘多为细砂、粉砂、粘粒，水分、养分丰富。

4. 冲积物

岩石风化产物受河流经常性流水的侵蚀和搬运，在流速减缓时沉积于河谷地区的冲积物，如长江中下游、珠江三角洲地区。

特点：成层性；成带性；成分复杂。

5. 湖积物

由湖水泛滥沉积而成的沉积物。

特点：由于水流较缓，所以质地较细；水分、养分多，OM 高→肥沃土壤。

6. 海积物

由海岸上升或江河入海回流的淤积物露出水面形成。

特点：各地的海积物质地不一，有的为全砂粒的砂堆，有的为全粘细沉积物。质地粗的养分含量低，质地细的养分含量高。

7. 风积物

由风力吹来的泥砂堆积而成。

特点：质地粗，砂性大，水分、养分缺乏，形成的土壤肥力低。

8. 黄土

是第四纪沉积物，成因复杂，有的说是风力堆积而成，有的说是流水搬运堆积而成。

特点：颗粒成分以粉砂粒为主，土壤质地疏松、通透性好；风化程度低，含盐基丰富，是肥沃的土壤母质。

9. 红土

又称第四纪红色粘土，分布在我国南方，多呈红色、红棕色，质地粘重，养分少。

第二节　土壤粒级、质地及其性质

一、土壤粒级

土壤的固相部分称为土壤颗粒，简称土粒。按照土粒的成分可分为矿物质土粒和有机质土粒。矿物质土粒在数量上占绝对优势，所以通常所说的土粒实际上专指矿物质土粒。土粒大小很不均一，其组成、性质也不同。

（一）土壤粒级的定义

根据矿物质土粒粒径大小及其性质上的变化，将其划分为若干组，称为土壤粒级。

（二）土壤粒级的分类

1. 国际制

国际制是于1930年由莫斯科第二届国际土壤学会制定，这种分级制把土壤单粒分为四个基本粒级：石砾、砂粒、粉粒、粘粒。

石砾＞2mm；砂粒2～0.02mm（粗砂粒2～0.2mm；细砂粒0.2～0.02mm）；粉粒0.02～0.002mm；粘粒＜0.002mm。

2. 卡庆斯基制（前苏联制）

该分级制前苏联土壤学家于1957年修订而成。大体把＞1mm称为石砾；1～0.01mm称为物理性砂粒（物理性状类似砂粒：可塑性、粘结性、粘着性小）；＜0.01mm称为物理性粘粒（物理性状类似粘粒：可塑性、膨胀性、粘着性大）。

$$\begin{cases} 石块 > 3mm \\ 石砾 3.0\sim1.0mm;\ 砂粒（1\sim0.05mm）\begin{cases}粗：1\sim0.5mm\\中：0.5\sim0.25mm\\细：0.25\sim0.05mm\end{cases}\end{cases}$$

$$粉粒（0.05\sim0.001mm）\begin{cases}粗：0.05\sim0.01\\中：0.01\sim0.005\\细：0.005\sim0.001\end{cases}$$

$$粘粒（<0.001mm）\begin{cases}粗：0.001\sim0.0005\\细：0.0005\sim0.0001\\胶质：<0.0001\end{cases}$$

3. 中国制

中国制是在卡庆斯基制的基础上修订而来，1987年《中国土壤》正式公布，把粘粒的上限移到公认的0.002mm，把粘粒分为粗细两个级别：

$$石砾>1.0mm\quad 砂粒\begin{cases}粗砂粒：1\sim0.25mm\\细砂粒：0.25\sim0.05mm\end{cases}$$

$$\text{粉粒}\begin{cases}\text{粗}: 0.05\sim 0.01\text{mm}\\ \text{中}: 0.01\sim 0.005\text{mm}\\ \text{细}: 0.005\sim 0.002\text{mm}\end{cases} \quad \text{粘粒}\begin{cases}\text{粗}: 0.002\sim 0.001\text{mm}\\ \text{细}: <0.001\text{mm}\end{cases}$$

纵观各种粒级分类制，尽量存在着一些差别，但大体上还是把土壤粒级分为砂粒、粉粒、粘粒三类。

(三) 各级土粒的组成和性质

1. 各粒级的矿物组成

砂粒和粉砂粒以原生矿物为主，其中石英最多；粘粒基本上是次生层状硅酸盐矿物为主，原生矿物极少（如图1-1所示）。

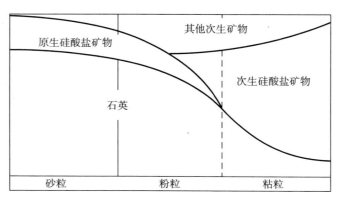

图1-1 土壤颗粒大小与矿物类型的关系

2. 各粒级的化学组成

各粒级在矿物组成上不同，化学组成和化学性质也不同。

砂粒和粉砂粒中二氧化硅含量较高；粘粒中铁、钾、钙、镁等含量较多。

对于养分含量，一般来讲细土粒＞粗土粒。

二、土壤质地

任何一种土壤都不可能只有某一级别的土粒，各级别的土粒在土壤中的含量也不是平均分配的。

(一) 土壤质地的定义与意义

机械组成指土壤中各粒级矿物质土粒所占的百分数，也称颗粒组成。

土壤质地是根据机械组成划分的土壤类型。土壤中各粒级土粒含量（质量）的百分率的组合称为土壤质地（土壤的颗粒组成、土壤的机械组成）。

土壤质地是土壤的一项非常稳定的自然属性,它可以反映母质的来源和成土过程的某些特征,对土壤肥力有很大的影响,因而在制定土壤利用规划、确定施肥用量和种类、进行土壤改良和管理时必须重视其质地特点。

(二)土壤质地的分类

1. 国际制

国际制土壤质地分类标准是根据砂粒(2~0.02mm)、粉粒(0.02~0.002mm)和粘粒(<0.002mm)三粒级含量的比例,划定12个质地名称,可从图1-2上查质地名称。先找到该颗粒的定点(100%),按3个粒级含量分别做各顶点对应三角形的3条底边的平行线,3线相交点,即为所查质地区。

查三角图的要点为:以粘粒的含量为主要标准,<15%→砂土或壤土,15%~25%→粘壤土,>25%→粘土;当粉粒含量达到45%以上时,在质地分类名称前要加冠"粉质"字样,当砂粒含量达到55%~85%时,在质地类别名称前要加冠"砂质"字样;当砂粒含量>85%时,直接称为壤砂土,>90%→砂土。

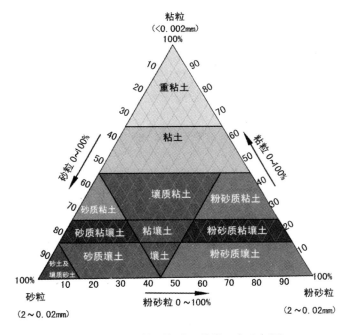

图1-2 国际制土壤质地分类三角坐标图

例如:某土壤砂粒30%、粉粒50%、粘粒20%→粉质粘壤土;某土壤砂粒60%、粉粒20%、粘粒20%→砂质粘壤土;某土壤砂粒10%、粉粒50%、粘粒40%→粉质粘土。

2. 卡庆斯基制（前苏联制）

卡庆斯基制土壤质地分类制有简制和详制两种。其中以简制应用最为广泛，这里只介绍简制，在我国的两次土壤普查中都采用了卡庆斯基简制作为质地分类标准。

卡庆斯基简制是根据物理性砂粒（＞0.01mm）和物理性粘粒（≤0.01mm）的含量来划分土壤质地类别的。

3. 中国制

1987年《中国土壤》第二版中公布了中国的质地分类制，分为3组12种质地名称。

与其他质地制相比，我国的质地制有以下特点：与其配套的粒级制是在卡庆斯基粒级制的基础上修订而来的，主要是把粘粒的上限由0.001mm提高到大家公认的0.002mm，粘粒级分为粗（0.002～0.001mm）和细（＜0.001mm）两个粒级。

我国的质地分类标准仍处在试用阶段，还没有得到广泛的应用。

纵观各种质地分类制，尽管存在着一些差别，但大体上还是把土壤质地分为砂土、壤土、粘土三类。

（三）土壤质地与土壤肥力的关系

1. 砂质土（砂粒50%）

（1）肥力特征

蓄水力弱、养分含量少、保肥能力差、土温变化快，但通气性、透水性好，易耕作。

由于砂质土壤含砂粒较多，粘粒少，颗粒间空隙比较大，所以蓄水力弱，抗旱能力差。

砂质土本身所含养料比较贫乏，缺乏粘粒（无机胶体）和OM（有机质胶体），保肥性差；通气性、透水性较好，有利于好气性微生物的活动，OM分解快，肥效快、猛而不稳，前劲大后劲不足。

砂质土壤因含水量少，热容量较小，所以昼夜温差变化大，土温变化快，这对于某些作物生长不利，但有利于碳水化合物的累积，对块根、块茎作物生长有利。

（2）宜种作物

耐旱、耐瘠、生育期短、早熟的作物，尤其是块根、块茎、菜苗和叶菜等。

（3）肥水管理

化肥施用少量多次，后期勤追肥；多施未腐熟有机肥；勤浇水。

2. 粘质土（粘粒30%）

（1）肥力特征

保水、保肥性好，养分含量丰富，土温比较稳定，但通气性、透水性差，耕作比较困难（干时坚硬，湿时粘粒，故要在一定的含水量条件下耕作较好）。

由于粘质土壤含粘粒较多，颗粒细小，孔隙间毛管作用发达，能保存大量的水分，但是水分损失快，保水抗旱能力差。

粘质土壤含粘粒较多，一方面粘粒本身所含养分丰富，另一方面粘粒的胶体特性突出，保肥性好。

粘质土壤由于蓄水量大，热容量也较大，所以昼夜温差变化小，土温变化慢，这有利于植物生长。

粘质土壤由于土壤颗粒较细，颗粒间空隙小，大孔稀少，所以通气性、透水性差，不利于好气性微生物的活动，OM分解比较慢，有利于土壤OM的累积，所以粘质土壤OM的含量一般比砂质土壤高，肥效慢、稳，而且持久。

（2）宜种作物

粮食作物以及果、桑、茶等多年生的深根作物。

（3）肥水管理

化肥一次用量可适当增加，前期追施速效化肥；有机肥宜用腐熟度高的；湿时排水，干旱勤浇水，还可压面堵塞毛管孔隙。

3. 壤质土

兼有砂质土和粘质土的优点，水、肥、气、热比较协调，耕性优良，适宜种植的作物种类多，是比较理想的土壤质地。

（四）土壤质地层次性（质地剖面）

许多土壤上下层的质地差别很大，呈现土壤质地层次性。形成原因有自然条件（冲积性母质发育的土壤）和人为耕作（犁底层）等。

质地层次性对土壤肥力的影响侧重在质地层次排列方式和层次厚度上，特别是土体1m内的层次特点。

上砂下粘：胶泥底、上浸地，托水又托肥——蒙金土；

上粘下砂：砂砾底、菜篮地，漏水又漏肥——倒蒙金。

（五）土壤质地的改良

1. 增施有机肥料

无论是砂质土还是粘质土，增施有机肥、提高土壤OM含量，都能起到改良土壤的作用，因为OM的粘结力和粘着力比砂粒大，但是比粘粒小，可以克服砂土过砂，粘土过粘的缺点。

另外，OM还能促进土壤结构的形成，使粘土疏松，增加砂土的保肥性。

2. 掺砂、掺粘，客土调剂

对砂土地可以掺入粘土（河沟中的淤泥），对粘土可以掺入砂土，从而达到改良土壤质地的目的。

3. 翻淤压砂、翻砂压淤

砂粘相间的土壤，可以先把表土翻到一边，再把下层土翻上来，使上、下层的土壤混合，从而达到改良土壤质地的目的。

4. 引洪漫淤、引洪漫砂

对沿江河的砂质土壤，利用洪水中携带的泥砂来改良砂土和粘土。但要注意引洪漫淤改良砂土时，要提高进水口，以减少砂粒的流入量；引洪漫砂时则要降低入水口，以使更多的粗砂进入。

第二章 土壤有机质

土壤有机质是土壤的重要组成部分，对土壤肥力、生态环境有重要的作用。土壤有机质是指存在于土壤中所有含碳的有机物质，包括土壤中各种动物、植物残体、微生物体及其分解和合成的各种有机物质，即由生命体和非生命体两部分有机物质组成。本章主要介绍非生命体有机质以及与之有关的生物过程和影响因素。

第一节 土壤有机质的来源、含量及其组成

一、土壤有机质的来源、存在形态

（一）来源

原始土壤中，微生物是土壤有机质的最早来源。随着生物的进化和成土过程的发展，动物、植物残体成为土壤有机质的基本来源。自然土壤经人为影响后，还包括有机肥料、工农业和生活废水、废渣、微生物制品、有机农药等有机物质。

（二）存在状态

土壤有机质的存在状态包括新鲜有机质，半分解有机质，腐殖质。

新鲜有机质和半分解有机质，约占有机质总量的 10%～15%，易机械分开，是土壤有机质的基本组成部分和养分来源，也是形成腐殖质的原料。

腐殖质约占 85%～90%，常形成有机无机复合体，难以用机械方法分开，是改良土壤、供给养分的重要物质，也是土壤肥力水平的重要标志之一。

二、土壤有机质的含量

土壤有机质的含量差异很大，高的达 20% 或 30%（如泥炭土），低的不足 0.5%（如漠境土）。耕作土壤表层的有机质含量通常小于 5%，一般在 1%～3% 之间。

一般把耕作层有机质含量大于20%的称为有机质土壤；耕作层有机质含量小于20%的称为矿质土壤。

三、土壤有机质的组成

（一）元素组成

主要元素组成是C、H、O、N，分别占52%～58%、34%～39%、3.3%～4.8%和3.7%～4.1%，其次是P、S。

（二）化合物组成

1. 糖、有机酸、醛、醇、酮类及其相近的化合物

可溶于水，完全分解产生CO_2和H_2O，嫌气分解产生CH_4等还原性气体。

2. 纤维、半纤维素

都可被微生物分解。半纤维素在稀酸碱作用下易水解；纤维素在较强酸碱作用下易水解。

3. 木质素

比较稳定，不易被细菌和化学物质分解，但可被真菌和放线菌分解。

4. 脂肪、蜡质、树脂和单宁等

不溶于水而溶于醇、醚及苯中，抵抗化学分解和细菌的分解能力较强，在土壤中除脂肪分解较快外，一般很难彻底分解。

5. 含氮化合物

易被微生物分解。

6. 灰分物质（植物残体燃烧后所留下的灰）

占植物体重的5%。主要成分有Ca、Mg、K、Na、Si、P、S、Fe、Al、Mn等。

也可简单分为腐殖物质和非腐殖物质。

第二节 土壤有机质的分解和转化

进入土壤的有机质在微生物作用下，进行着复杂的转化过程，包括矿质化过程与腐殖化过程。

一、矿质化与腐殖化

（一）矿质化

微生物分解有机质，释放CO_2和无机物的过程称为矿化作用。这一过

程也是有机质中养分的释放过程。土壤有机质的矿质化过程主要有以下几种。

1. 碳水化合物的分解

土壤有机质中的碳水化合物如纤维素、半纤维素、淀粉等糖类，在微生物分泌的糖类水解酶的作用下，首先水解为单糖：

$$(C_6H_{10}O_5)_n + nH_2O \longrightarrow nC_6H_{12}O_6$$

生成的单糖由于环境条件和微生物种类不同，又可通过不同的途径分解，其最终产物也不同。如果在好气条件下，由好气性微生物分解，最终产物为水和二氧化碳，放出的热量多，称为氧化作用。其反应如下：

$$nC_6H_{12}O_6 + 6O_2 \longrightarrow 6CO_2 + 6H_2O + 热量$$

如果在通气不良的条件下，则在嫌气性微生物作用下缓慢分解，并形成一些还原性气体、有机酸，产生的热量少，称为发酵作用。其反应为

$$C_6H_{12}O_6 \longrightarrow CH_3CH_2CH_2COOH + 2H_2 + 2CO_2 + 热量$$

$$4H_2 + CO_2 \longrightarrow CH_4 + 2H_2O$$

碳水化合物的分解，不仅为微生物的活动提供了碳源和能源，扩散到近地表大气层中的 CO_2，还可提供绿色植物光合作用所需要的碳素营养。CO_2 溶于水形成碳酸，有利于土壤矿质养分的溶解和转化，丰富土壤中速效态养分。

2. 含氮有机质的分解

含氮有机物是土壤中氮素的主要贮藏状态，包括蛋白质、氨基酸、腐殖质等。不经分解多数不能为植物直接利用。

（1）水解作用

蛋白质在微生物分泌的蛋白质水解酶作用下，分解成氨基酸的作用称水解作用。

$$蛋白质 \xrightarrow{蛋白质水解酶} 氨基酸$$

氨基酸大多数溶于水，可被植物、微生物吸收利用，也可进一步分解转化。

（2）氨化作用

分解含氮有机物产生氨的生物学过程称为氨化作用。

$$CH_2NH_2COOH + O_2 \xrightarrow{氧化} HCOOH + CO_2 + NH_3$$

好气分解

$$CH_2NH_2COOH + H_2 \xrightarrow{\text{还原}} CH_3COOH + NH_3$$

嫌气分解

$$CH_2NH_2COOH + H_2O \xrightarrow{\text{水解}} CH_2(OH)COOH + NH_3$$

不论土壤通气状况如何,只要微生物生命活动旺盛,氨化作用就可以在多种条件下进行。氨化作用生成的氨,在土壤溶液中与酸作用生成铵盐,植物也可以直接吸收利用,也可以NH_4^+形成吸附在土壤胶粒上,免遭淋失,也会以NH_3逸入大气造成氮素损失,或进行硝化作用,转化成硝酸。

(3) 硝化作用

氨态氮被微生物氧化成亚硝酸,并进一步氧化成硝酸的过程,称为硝化作用。这一作用可分为两个阶段:第一阶段,氨被亚硝酸细菌氧化成亚硝酸;第二阶段,亚硝酸被硝化细菌氧化成硝酸。其反应如下:

$$2NH_3 + 3O_2 \longrightarrow 2HNO_2 + 2H_2O + \text{热量}$$

$$2HNO_2 + O_2 \longrightarrow 2HNO_3 + \text{热量}$$

硝化作用是一种氧化作用,只能在土壤通气良好的条件下进行,因此适当地中耕、松土、排水,经常保持土壤疏松透气,是硝化作用顺利进行的必要条件。

硝化作用产生的硝酸与土壤中的盐基作用生成硝酸盐,NO_3^-也可直接被植物吸收,但NO_3^-不易被土壤胶粒吸附,易随水淋失。

(4) 反硝化作用

同细菌在无氧或微氧条件下以NO_3^-或NO_2^-作为呼吸作用的最终电子受体生成N_2O和N_2的硝酸盐还原过程,称为反硝化作用。其反应如下:

$$C_6H_{12}O_6 + 24KNO_3 \xrightarrow{\text{反硝化细菌}} 24KHCO_3 + 6CO_2 + 12N_2\uparrow + 18H_2O$$

反硝化作用是土壤氮素损失的过程,多发生在通气不良或富含新鲜有机质的土壤中。改善土壤的通气状况,能抑制反硝化作用的进行。

3. 含磷、硫有机物的分解

(1) 含磷有机物的分解

土壤中含磷有机物主要有核蛋白、卵磷脂、核酸、核素等,它们在有机磷细菌的作用下进行分解:

$$核蛋白质 \xrightarrow[\text{水解}]{\text{磷细菌}} 磷酸 \xrightarrow{K^+ + Na^+ + Ca^{2+}} 磷酸盐$$

产生的磷酸盐是植物可吸收的磷素养分，但在酸性或石灰性土壤中易与 Fe、Al、Ca、Mg 等生成难溶性的磷酸盐，降低其有效性。在缺氧条件下，磷酸又被还原为磷化氢，其反应如下：

$$H_3PO_4 \longrightarrow H_3PO_3 \longrightarrow H_3PO_2 \longrightarrow PH_3$$

磷化氢有毒，在水淹条件下常会使植物根系发黑甚至死亡。

（2）含硫有机物的分解

植物残体中的硫，主要存在于蛋白质中，能分解含硫有机物的土壤微生物很多，一般能分解含氮有机物的氨化细菌都能分解有机硫化物，产生硫化氢，其反应如下：

$$蛋白质 \longrightarrow 硫氨基酸 \longrightarrow H_2S$$

还原型的无机硫化物被硫化细菌氧化成硫酸的过程，称为硫化作用。其反应如下：

$$2H_2S + O_2 \longrightarrow 2H_2O + 2S$$

$$2S + 3O_2 + 2H_2O \longrightarrow 2H_2SO_4$$

硫化作用产生的硫酸与土壤中的盐基物质作用，形成硫酸盐。硫酸盐是植物可吸收的养分。硫酸还可增加土壤中矿质养分的溶解度，提高其有效性。

细菌在无氧条件下，以 SO_4^{2-} 作呼吸作用的最终电子受体产生 S 或 H_2S 的硫酸盐还原过程，称为反硫化作用。硫化氢对根系有毒害作用，能造成根系腐烂。因此，应排除土壤多余水分，改善土壤通气条件，抑制反硫化作用进行。

（二）腐殖化

腐殖化指有机质被分解后再合成新的、较稳定的复杂有机化合物，并使有机质和养分保蓄起来的过程。一般认为腐殖质的形成要经过两个阶段。

第一阶段：微生物将动植物残体转化为腐殖质的组分，如芳香族化合物（多元酚）和含氮的化合物（氨基酸和多肽）。

第二阶段：在微生物的作用下，各组分通过缩合作用合成腐殖质的过程。在第二阶段中，微生物分泌的酚氧化酶，将多元酚氧化为醌，醌与其他含氮化合物合成腐殖质，即多元酚氧化为醌，醌和氨基酸或肽缩合。

腐殖化系数：单位重量的有机物质碳在土壤中分解一年后的残留

碳量。

激发作用：土壤中加入新鲜有机物质会促进土壤原有有机质的降解，这种矿化作用称为激发作用。激发效应可正可负。

矿质化和腐殖化两个过程互相联系，随条件改变相互转化，矿化的中间产物是形成腐殖质的原料；腐殖化过程的产物，再经矿化分解释放出养分。通常需调控两者的速度，使其在能供应作物生长养分的同时又使有机质保持在一定的水平。

二、影响有机质转化的因素

微生物是有机质转化的主要驱动力，凡是能够影响微生物活动及其生理作用的因素都会影响有机质的转化。

（一）植物残体特性

1. 物理状态

新鲜程度、破碎程度和紧实程度。

2. C/N

C/N 不仅影响有机残体分解速度，还影响土壤有效氮的供应，通常以 25：1 或 30：1 较为合适。因为微生物生物体合成需要 5 份 C 和 1 份 N，同时需要消耗 20 份 C 作为能源，故 C/N＜25：1 时，微生物活动最旺盛，分解有机质速度较快，释放出大量 N 素；相反，C/N＞25：1 时，N 相对不足，会出现微生物与植物共同争夺土壤中有效 N 的情况。

3. 化合物组成

含易分解有机化合物多的比含难分解化合物多的易分解，如含蛋白质多的比含木质素多的易分解。

（二）水分、通气性

最适湿度：土壤持水量的 50%～80%；低洼、积水有利于有机质的积累。

通气不良利于有机质累积。

在好气条件下，微生物活动旺盛，分解作用进行较快且彻底，有机物质—→CO_2 和 H_2O，而 N、P、S 等则以矿质盐类释放出来。

在嫌气条件下，好氧微生物的活动受到抑制，分解作用进行的既慢又不彻底，同时往往还产生有机酸、乙醇等中间产物。

在极端嫌气的情况下，还产生 CH_4、H_2 等还原物质，其中的养料和能量释放很少，对植物生长不利。

（三）温度

在 0～35℃ 范围内，有机质的分解随温度升高而加快。土壤微生物活动最适宜的温度大约为 25～35℃。

（四）土壤特性

1. 质地

粘粒含量越高，有机质含量也越高。有机质与粘粒结合免受微生物破坏。

2. pH 值

通过影响微生物的活性而影响有机质的分解。各种微生物都有其最适 pH 范围，多数细菌的最适 pH 为 6.5～7.5，真菌为 3～6，放线菌略偏向碱性。由于细菌数目最多，所以 pH 为 6.5～7.5 较适宜，过酸或过碱对一般的微生物均不大适宜。

第三节　土壤腐殖物质的形成和性质

腐殖质是一类以芳香化合物或其聚合物为核心，复合其他有机物的有机复合体，是组成和结构都很复杂的天然高分子聚合物，非常稳定，且难溶于水。腐殖质非常稳定对维持土壤有机质水平，减少氮素等其他养分移动、损失是十分重要的。

一、土壤腐殖质的形成

土壤腐殖化作用是一系列极端复杂过程的总称，是由微生物为主导的生物和生物化学过程，还有一些纯化学的反应。目前，对土壤腐殖化作用的看法一般分为三个阶段：

第一阶段，植物残体分解产生简单的有机碳化合物；

第二阶段，通过微生物对这些有机化合物的代谢作用及反复循环，增殖微生物细胞；

第三阶段，通过微生物合成的多酚、醌或来自植物的类木质素，聚合形成高分子多聚化合物，即腐殖质。

二、土壤腐殖酸的分组

腐殖酸是腐殖质的主要成分，腐殖质主体是腐殖酸与金属离子相结合的盐类。要想研究腐殖酸，就必须将之从土壤中提取出来，但较为困难。目前常用的方法是：先将土壤中未分解或部分分解的动植物残体分离，然后用不同的溶剂来浸提土壤。

其中，胡敏酸和富里酸为主要成分。

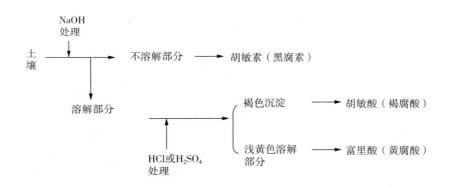

三、土壤腐殖质的存在形态

土壤腐殖质的存在状态分为游离状态的腐殖质，土壤中极少；与盐基化合成稳定的盐类（腐质酸钙镁）；与含水三氧化物化合成复杂的凝胶体；与粘粒结合成胶质复合体（有机无机复合体）。52%~98%的有机质集中在粘粒部分。

四、土壤腐殖质的性质

（一）物理性质

1. 颜色

黑褐色，富里酸呈淡黄色，胡敏酸呈褐色。

2. 溶解性与凝聚性

富里酸溶于水、酸、碱；胡敏酸不溶于水和酸，但溶于碱。

富里酸的一价、二价盐溶于水，三价盐几乎不溶于水；胡敏酸的一价盐溶于水，但二价、三价盐几乎不溶于水。

腐殖酸可与铁、铝、铜、锌等形成络合物，其稳定性随pH升高而增大。在水中为溶胶，增加电解质浓度或与高价离子形成凝胶。

3. 吸水性

亲水胶体，最大吸水量可以超过500%，粘粒仅为15%~20%。

4. 分子结构和分子量

目前还没有完全确定，只明确以芳香核为主体，附以各种功能团。分子量因土壤和组分的不同而不同，胡敏酸平均为2500~2000，富里酸平均为680~1450。

（二）化学性质

1. 元素组成

C、H、O、N和S等，其中C平均为58%，N平均为5.6%（参见表2-1）。

表 2-1　我国主要土壤腐殖酸的元素组成

元素（%）	C	H	O+S	N
HA	50～60	3.1～5.3	31～41	3.0～5.6
FA	45～53	4.0～4.8	40～48	2.5～4.3

2. 含氧官能团

羧基、酚羟基、酮基、醌基、醇羟基、甲氧基等（参见表 2-2）。

表 2-2　腐殖质的含氧官能团含量（m mol M^+）·kg^{-1}

种类	羧基	酚羟基	醇羟基	醌基	酮基	甲氧基	总酸度
HA	15～57	21～57	2～49	1～26	1～5	3～8	67
FA	55～112	3～57	26～95	3～20	12～27	3～12	103

3. 电性

腐殖酸是一种两性胶体。既可以带负电荷，也可以带正电荷，而通常以带负电荷为主。腐殖质的负电荷数量随 pH 值的升高而升高。

（三）腐殖质的稳定性与变异性

1. 稳定性

在温带条件下，一般植物残体的半分解周期少于 3 个月，植物残体形成的新的有机质的半分解期为 4.7～9 年，而胡敏酸的平均停留时间为 780～3000 年，富里酸的平均停留为 200～630 年。

2. 变异性

HA/FA 值：表示胡敏酸与富里酸含量的比值，是表示土壤腐殖质成分变异的指标之一。

一般，我国北方的土壤，特别是干旱区与半干旱区的土壤腐殖质以胡敏酸为主，HA/FA 比大于 1.0；而在温暖潮湿的南方酸性土壤中，土壤中以富里酸为主，HA/FA 比一般小于 1.0。

在同一地区，水稻土腐殖质的 HA/FA 比大于旱地；熟化程度高的土壤的 HA/FA 比较高。

第四节　土壤有机质的作用及管理

一、有机质在土壤肥力上的作用

（一）提供植物需要的养分

碳素营养：碳素循环是地球生态平衡的基础。土壤每年释放的 CO_2 达

1.35×10^{11} 吨,相当于陆地植物的需要量;

氮素营养:土壤有机质中的氮素占全氮的 90%~98%;

磷素营养:土壤有机质中的磷素占全磷的 20%~50%;

其他营养:K、Na、Ca、Mg、S、Fe、Si 等营养元素。

(二)改善土壤肥力特性

1. 物理性质

粘力居中,促进良好结构体形成;深色吸热,热容量仅小于水,促进土壤升温。

2. 化学性质

增强土壤保水、保肥和缓冲性能。

3. 生物性质

对微生物来讲,OM 是微生物生命活动所需要的养分和能量来源,土壤中微生物的数量与 OM 的含量呈正相关。

对植物来讲,腐殖酸首先能改变植物体内糖类的代谢,促进还原糖的累积,提高细胞的渗透压,从而提高植物抗旱能力;其次能促进过氧化物酶的活性,加速种子萌发和养分的吸收,从而促进植物生长;再次,胡敏酸的稀溶液能促进植物的呼吸作用,增加质膜的透性,从而提高植物吸收养分的能力,而且能加速细胞分裂,促进根系发育。

二、有机质在生态环境上的作用

有机质对重金属污染的影响——络合、氧化还原、吸附;

有机物质对农药污染的影响——固定、迁移,降低或消失其农药毒性;

土壤有机质对全球碳平衡的影响——有机质是全球碳平衡过程中非常重要的碳库。

三、土壤有机质的管理

在一定范围内,土壤肥力以及作物产量随有机质含量提高而增加,但是土壤有机质并不是愈多愈好,当超过一定范围,对作物和土壤肥力均不利。而且土壤有机质含量并非可以无限提高,在稳定的生态系统中最终达到一个稳定值。土壤有机质含量决定于年生成量(腐殖化系数)和年矿化量(矿化率)的大小。提高土壤有机质含量需坚持平衡原则和经济原则,调节有机质的积累和分解,使既能提高土壤有机质含量,又能以适当的分解速度向作物提供养分。措施主要包括两个方面:增加有机质的来源;调节有机质的积累和分解过程。

（一）增加有机质来源的具体措施

1. 施用有机肥

主要的有机肥源包括：绿肥、粪肥、厩肥、堆肥、沤肥、饼肥、蚕沙、鱼肥、河泥、塘泥、有机肥料、无机肥料配合施用。

2. 种植绿肥

田菁、紫云英、紫花苜蓿等；休闲绿肥、套作绿肥。

养用结合：因地制宜、充分用地、积极养地、养用结合。

3. 秸秆还田

要注意秸秆的C/N比、破碎度、埋压深度以及土壤墒情、播种期远近、化肥施用量等。

（二）调节土壤有机质的分解速率

土壤有机质的转化是通过微生物活动来进行的。为了充分发挥有机质的有益作用，必须调节土壤微生物的活动，使有机质能及时分解，既不能太慢，也不能太快。分解太慢，释放出的养分少，不能满足作物的需要；而分解太快，不但会使土壤有机质产生无益消耗，还会造成养分的流失及作物的猛长。此外，土壤有机质过快的消耗会导致土壤结构的破坏，使土壤的理化性质变劣，耕性恶化。因此，采用正确的调节措施以调节土壤有机质的分解速率，使之适应于作物生长发育的需要，成为土壤有机质动态平衡中的另一个重要问题。

通过控制影响微生物活动的因素，来达到调节土壤有机质分解速率的目的。这些因素包括：调节土壤水、气、热状况，控制有机质的转化；合理的耕作和轮作；调节碳氮比和土壤酸碱度。

第三章 土壤水

土壤水实际上并非纯水,而是很稀的土壤溶液,除供作物吸收外,它对土壤的很多肥力性状都能产生深远的影响,比如:矿质养分的溶解;有机质的分解、合成;土壤的氧化还原状况;土壤的通气状况;土壤的热性质;土壤的机械性能、耕性等。因此,土壤水是土壤肥力诸因素中最重要、最活跃的因素之一。

第一节 土壤水分类型与有效性

一、土壤水分类型及性质

依据水分在土壤中所受力的类型,即吸附力、毛管力、重力,把土壤水划分为吸附水、毛管水、重力水。

（一）吸附水

1. 吸湿水（紧束缚水）

由于固体土粒表面分子引力和静电引力对空气中的水汽分子产生的吸附力而紧密保持的水分称为吸湿水,通常只有2~3个水分子层。

由于土粒对水汽分子的这种吸附力高达成千上万个大气压,所以这层水分子是定向排列,而且排列紧密,水分不能自由移动,也没有溶解能力,属于无效水。

土壤吸湿水含量的高低主要取决于土粒的比表面积和大气相对湿度：一般土壤质地越粘重,OM含量越高,大气相对湿度越大,吸湿水的含量也就越高。

土壤的吸湿水含量达到最大值时,土壤含水量称为最大吸湿量。

性质：

（1）紧靠土粒表面的水分子受到的吸持力范围从 $10^9 Pa \sim 3.1 \times 10^6 Pa$（10000~31大气压）；

（2）密度 $1.2 \sim 2.4 g/cm^3$,平均 $1.5 g/cm^3$,表现出固态水的性质；

（3）冰点低至 $-7.8℃$,不能移动,没有溶解能力。

由于植物根系的渗透压一般只有15个大气压,因此,吸湿水对植物是一种无效水。

土壤在水汽相对饱和的环境中(相对湿度100%)吸持水分子可达到最大量,此时土壤的含水量称为最大吸湿量或吸湿系数(大概有15～20层水分子,厚度4～8nm),不同土壤吸湿系数不一样。

2. 膜状水(松束缚水)

吸湿水达到最大量时,土粒残余的吸附力吸附液态水分,在吸湿水的外围形成一层水膜,称为膜状水。

膜状水能从膜厚的地方向薄的部位移动,这部分能移动的水可被作物吸收利用(外层水吸力小于根吸力的那部分水),但是它仍然受到土粒吸附力的束缚,移动缓慢,不能满足植物的需要。

膜状水达到最大量时的土壤含水量称为最大分子持水量。它包括吸湿水和膜状水。

作物无法从土壤中吸收水分而呈现永久凋萎(植物置于水汽饱和的达12小时仍不能恢复),此时的土壤含水量就称为凋萎系数。凋萎系数与土壤质地有关,一般粘土＞壤土＞砂土。

性质:

(1) 膜状水被土粒吸持的力为0.625～31Mpa(31～6.25大气压)。

所受引力大于常态水。由于一般植物根的吸水力平均为$1.5×10^6$Pa,所以超过土粒吸持力$1.5×10^6$Pa的那部分膜状水就不能被植物利用;

(2) 平均密度为$1.25g/cm^3$;

(3) 冰点约为-4℃,微有溶液能力;

(4) 膜状水虽不能在重力作用下移动,但本身可以从水膜厚处向水膜薄处移动,速度非常缓慢,一般为0.2～0.4mm/小时。

(二)毛管水

当土壤水分含量达到最大分子持水量时,土壤水分就不再受土粒吸附力的束缚,成为可以移动的自由水,这时靠毛管力保持在土壤孔隙中的水分称为土壤毛管水。

毛管水的特点:这种水可以在土壤毛管中上、下、左、右移动,具有溶解养分的能力,作物可以吸收利用。毛管水的数量主要取决于土壤质地、腐殖质含量和土壤结构状况。

根据土层中毛管水与地下水有无连接,通常将毛管水分为:毛管上升水和毛管悬着水。

1. 毛管上升水

地下水随毛管上升而保持在土壤中的水分称为毛管上升水。毛管上升水与地下水位有密切的关系,会随着地下水位的变化而产生变化,地下水位适当时它是作物水分的重要来源；但地下水位很深时，它达不到根系分布范围，不能发挥补充水分的作用；地下水位浅时，会引起湿害。

毛管上升水达到最大量时的土壤含水量称为土壤毛管持水量。

2. 毛管悬着水

在地下水位很深的地区，降雨或灌水之后，由于毛管引力而保持在土壤上层中的水分，称为毛管悬着水。它与地下水位没有关系，就像悬浮在土层中一样，它是植物水分的重要来源，对植物的生长意义重大。

毛管悬着水达到最大量时的土壤含水量称为田间持水量。田间持水量的变化范围：砂土为160～220g/kg；壤土为220～300g/kg；粘土为280～350g/kg。

（三）重力水

土壤含水量超过田间持水量时，多余的水分受到重力的作用而向下渗透，这种水分称为重力水。

重力水达到饱和时，土壤所有的孔隙都充满水分，这时的土壤含水量称为饱和持水量或全持水量。

对于旱地土壤来说，重力水只是暂时停留在根系分布土层，不能被植被持续利用，而且重力水的存在会与土壤空气发生尖锐的矛盾，往往成为多余水或有害水。对于水稻来讲，重力水的存在则是必需的。

二、土壤含水量的表示方法

（一）质量含水量

是指土壤中保持的水分质量占干土质量的份数，即

$$\text{土壤质量含水量 } \phi_M = \frac{\text{湿土质量（g）} - \text{干土质量（g）}}{\text{干土质量（g）}}$$

其中，干土质量是指在105℃下烘至恒重时的土壤质量。

（二）容积含水量

是指土壤水分容积与土壤容积之比，即

$$\phi_V = \frac{\text{土壤水分容积}}{\text{土壤容积}} = \frac{V_{H_2O}}{V_{土}} = \frac{V_{H_2O}}{\frac{m_{土}}{d}} = \frac{m_{H_2O}}{m_{土}} \times d = \phi_M \times d$$

（三）相对含水量

是指土壤含水量占田间持水量的百分率。避开质地对土壤水分含量的影响，可说明毛管悬着水的饱和程度、水分的有效性以及水汽比例。一般，相对含水量以60%～80%为宜，公式如下：

$$相对含水量 = \frac{土壤含水量}{田间持水量} \times 100\%$$

（四）水层厚度 D_W

指一定厚度（h），一定面积（S）的土壤中的含水量相当于同面积水层的厚度。单位：mm（相当于把厚度为 h，面积为 s 的土层中的水分取出来，放入一个面积同样为 s 的容器中，容器中水的高度就是我们要计算的水层厚度 D_W）

$$\phi_V = \frac{V_{H_2O}}{V_\pm} = \frac{s \cdot D_W}{s \cdot h} \Rightarrow D_W = \phi_V \times h_\pm$$

如果土壤含水不均一，则根据含水量划分为不同层次，

$$D_W = \sum \phi_{MI} \times hI (I = 1 \rightarrow N)$$

第二节 土壤水能量

土壤水分含量虽然指明了数量的多少，但它并不能反映水分能被植物吸收利用的程度，也不能反映水分运动的方向。由于土壤水分的保持和运动，植物根对水分的吸收以及水分在植物体内的传导等都是与能量有关的现象。根据能量可以更好地了解植物、土壤和大气三者之间的水分运动及其相互关系。

一、土水势

土水势是指土壤水分在各种力的作用下（吸附力、毛管力、重力等）与标准状态相比，自由能的变化（土水势＝土壤水分的自由能－标准状态水的自由能），常用 Ψ 来表示。土水势表示土壤水分在土——水平衡体系中所具有的能态。土壤水分总是从土水势高处向土水势低处移动。用土水势研究土壤水有许多优点：

（1）可以作为判断各种土壤水分能态的统一标准和尺度。同一土壤根据土壤含水量判断水流方向，不同土壤则根据土水势判断更准确，如含水量15%的粘土的水势一般低于10%的砂土，互相接触时水由砂土流向粘土，并不是由含水量高的粘土流向砂土；

（2）可以在土壤——植物——大气之间统一使用，把土水势、根水势、叶水势等统一比较，判断它们之间的水流方向、速度和土壤水的有效性；

(3) 能提供一些更为精确的测定手段（水分运动方向判断）。

与标准状态水相比，土壤水因受到各种力的作用而消耗了一部分能量，土壤水的自由能总是低于标准状态水的自由能（一般假定为零），所以土水势一般是负值。土水势主要由以下几个分势组成：基质势 ψ_m，渗透势 ψ_s，重力势 ψ_g，压力势 ψ_p。

（一）土水势的分势

$$\psi = \psi_m + \psi_s + \psi_g + \psi_p$$

1. 基质势 ψ_m

在水分不饱和的情况下，土壤基质（固体颗粒）的吸附力和毛管力所产生的土壤水分自由能变化，一般为负值。土壤含水量越高，基质势也越高，当土壤水分饱和时最大（0）。

2. 渗透势（溶质势）ψ_s

由溶解在土壤水分中的溶质所引起的土壤水分自由能变化，一般为负值。土壤溶质浓度越高，溶质势越低。溶质势＝－渗透压。

溶质势只有对半透膜的水分运动起作用，如土壤水对植物的关系（根系表皮细胞膜属于半透膜），土壤水分蒸发或大气水汽在土表凝结（土气界面实质是半透膜）。

3. 重力势 ψ_g

由作用于土壤水分的地心引力（重力）而产生的自由能变化，$\psi_g = \rho \cdot g \cdot h$。

一般，规定某一特定海拔高度的重力势为零，越过这一高度取正值，低于这一高度取负值。

4. 压力势 ψ_p

在水分饱和时，土壤水由于受到压力作用而产生的自由能变化。在不饱和土壤中压力势为零，土壤水分饱和时，土表的水压力势为零（仅受大气压力），土体内，除大气压力外，还受上部水柱的静水压力，所以一般为正值。饱和土层越深，压力势越高。

（二）土水势计算

在根据各分势计算土水势时，必须分析土壤含水状况，且应注意参比标准及各分势的正负符号。

饱和土壤水运动时：

$$\Psi = \psi_p + \psi_g$$

不饱和土壤水运动时：

$$\Psi = \psi_m + \psi_g$$

根系吸水时:

$$\Psi = \psi_m + \psi_s \quad (一般忽略 \psi_g)$$

二、土壤水吸力

指土壤水承受一定吸力情况下所处的能态,它不是指土壤对水的吸力。基质势和溶质势一般为负值,在使用中不便,所以将基质势和溶质势的相反数定义为吸力,也可分别称为基质吸力和溶质吸力。由于在土壤水的保持和运动中不考虑溶质势,故一般吸力指基质吸力。土壤水吸力=一基质势。土壤水由吸力低处流向吸力高处。

三、土壤水分特征曲线

是指土壤水分含量与土壤水吸力的关系曲线。

目前尚无法从理论上推导出土壤含水率与土壤水吸力或基质势之间的关系,只能用实验方法获得水分特征曲线。

土壤水分特征曲线与质地、温度、结构以及土壤水分变化有关。

由图 3-1 可知:相同含水量,砂土水吸力最小;相同水吸力,粘土含水量最多。

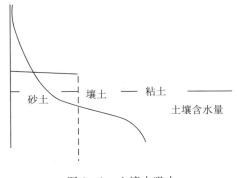

图 3-1 土壤水吸力

滞后现象:同一土壤在其他条件相同的情况下,由湿变干或由干变湿所测的水分特征曲线两者不重合,即同一水吸力可能有一个以上的含水量,如图 3-2 所示。

砂土最明显,即在一定水吸力下,由湿变干比由干变湿含有更多的水分。

土壤水分特征曲线的用途如下:

首先,可利用它进行土壤水吸力 S 和含水率 q 之间的换算;

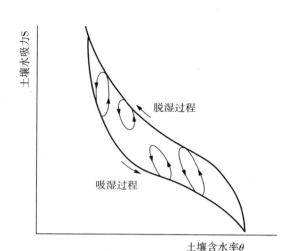

图 3-2 土壤水分特征曲线的滞后现象

其次，土壤水分特征曲线可以间接地反映出土壤孔隙大小的分布；

第三，水分特征曲线可用来分析不同质地土壤的持水性和土壤水分的有效性；

第四，应用数学物理方法对土壤中的水运动进行定量分析时，水分特征曲线是必不可少的重要参数。

第三节 土壤水运动

在土壤中，水分运动主要是指液态水和气态水的运动。

一、液态水的运动

（一）饱和土壤中的水流

饱和土壤中的水流，简称为饱和流，即土壤孔隙全部充满水时的水流，这主要是重力水的运动。

饱和流可分为垂直向下流、垂直向上流和水平流。

饱和流的推动力主要是重力势梯度和压力势梯度。

饱和流服从达西定律：即单位时间内通过单位面积土壤的水通量与土水势梯度成正比。

$$q = -K \frac{\Delta H}{L}$$

式中，q 表示土壤水流通量；ΔH 表示总水势差；L 为水流路径的直线长度；K 为土壤饱和导水率。

土壤饱和导水率反映了土壤的饱和渗透性能，任何影响土壤孔隙大小和形状的因素都会影响饱和导水率。

（二）非饱和土壤中的水流

非饱和土壤中的水流，简称为非饱和流或不饱和流，即土壤中只有部分孔隙中有水时的水流，这主要是毛管水和膜状水的运动。

土壤非饱和流的推动力主要是基质势梯度和重力势梯度。也可用达西定律来描述：

$$q = -K(\psi_m)\frac{\mathrm{d}\psi}{\mathrm{d}x}$$

式中，$K(\psi_m)$ 为非饱和导水率；$\frac{\mathrm{d}\psi}{\mathrm{d}x}$ 为总水势梯度。

非饱和条件下土壤水流的数学表达式与饱和条件下的类似，二者的区别在于：饱和条件下的总水势可用差分形式，而非饱和条件下则用微分形式；饱和条件下的土壤导水率（K）对特定土壤为一常数，而非饱和导水率是土壤含水量或基质势的函数，如图 3-3 所示。

土壤水吸力为零或接近于零，饱和导水率最大。

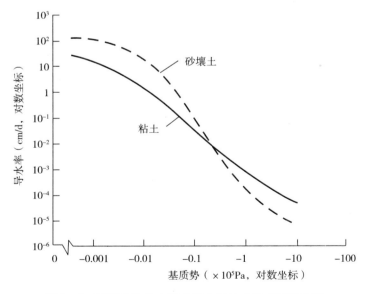

图 3-3　不同质地的土壤水吸力和导水率之间的关系

二、气态水的运动

土壤气态水的运动表现为水汽扩散和水汽凝结两种现象。

（一）水汽扩散

水汽扩散运动的推动力是水汽压梯度，这是由土壤水势梯度或由土壤水吸力梯度和温度梯度所引起的。土壤水不断以水汽的形式由表土向大气扩散而逸失的现象称为土面蒸发，决定于大气蒸发力和土壤导水性质。

（二）水汽凝结

水汽凝结的两种现象：一是夜潮现象；二是冻后聚墒现象。

夜晚水汽由暖处向冷处扩散遇冷便凝结成液态水，称为夜潮。

冬季表土冻结，水汽压降低，而冻层以下土层的水汽压较高，于是下层水汽不断向冻层集聚、冻结，使冻层不断加厚，其含水量有所增加，这就是冻后聚墒现象。

三、土壤水入渗和再分布

水进入土壤包括两个过程，即入渗（也称渗吸、渗透）和再分布。

（一）土壤水入渗

入渗过程一般是指水自土表垂直向下进入土壤的过程，但也不排斥如沟灌中水分沿侧向甚至向上进入土壤的过程。

水进入土壤的情况是由两方面因素决定的：供水速度；土壤的入渗能力，如图3-4所示。

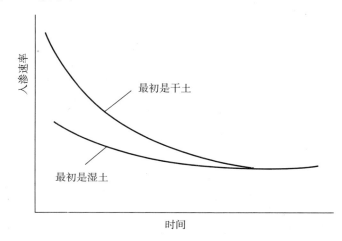

图3-4　土壤入渗速率随时间的变化

（二）土壤水的再分布

在地面水层消失后，入渗过程终止。土内的水分在重力、吸力梯度和温度梯度的作用下继续运动。这个过程，在土壤剖面深厚、没有地下水出现的情况下，称为土壤水的再分布。

土壤水的再分布是土壤水的不饱和流。

四、土壤水分调节

控制地表径流,增加土壤水分入渗,减少土壤水分蒸发;合理灌溉;提高土壤水分对作物的有效性;多余水的排除。

第四节 土壤水的调控

一、土壤水分的有效性

土壤水分的有效性是指土壤水分能够被植物吸收利用的难易程度,不能被植物吸收利用的称为无效水,能被植物吸收利用的称为有效水。

通常把土壤的萎蔫系数看成土壤有效水分的下限。植物根系要从土壤中吸收水分,根系的水吸力必须要大于土壤的水吸力,而一般植物根系的水吸力平均在1.5Mpa。当土壤水吸力超过1.5Mpa时,植物根系就不能从土壤中吸收水分,而发生永久萎蔫,所以通常是把土壤水吸力达到1.5Mpa时的土壤含水量当作萎蔫系数。

通常把田间持水量看做旱地土壤有效水分的上限,所以

旱地土壤最大有效水分含量＝田间持水量—萎蔫系数

旱地土壤有效水分含量＝土壤含水量—萎蔫系数

有效水范围受土壤质地、有机质、可溶盐、容重等因素的影响,如砂土有效水范围小,壤土有效水范围大,粘土居中,因为尽管粘土田间持水量大,但萎蔫系数也大(参见图3-5)。

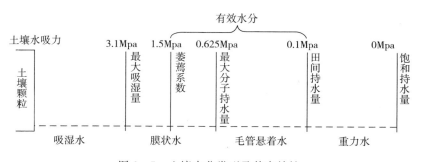

图3-5 土壤水分类型及其有效性

二、土壤水的调控措施

主要包括土壤水的保蓄和调节。
（1）耕作措施：秋耕、中耕、镇压等；
（2）地面覆盖：薄膜覆盖、秸秆覆盖；
（3）灌溉措施：喷灌、滴灌、渗灌；
（4）生物节水。

第四章 土壤空气和热量

土壤空气和水共存于土粒间孔隙中,互为消长关系,而水气比例的变化又直接影响着热量的状况。

第一节 土壤空气

一、土壤空气组成

组成与大气相似,但有差别:二氧化碳含量高;氧气含量低;相对湿度高;含还原性气体;组成和数量处于变化中。

二、土壤空气的变化规律

(1) 随着土层深度的增加,土壤空气中 CO_2 含量增大,O_2 含量减少,无论在膜地或露地均是如此;

(2) 气温和土温升高,根系呼吸加强,微生物活动加快,土壤空气中 CO_2 含量增加,夏季 CO_2 含量最高;

(3) 覆膜田块的 CO_2 含量明显高于未覆稻草原露地,而 O_2 则反之;

(4) 土壤空气中的 CO_2 和 O_2 的含量是相互消长的,二者的总和维持在 19%～22% 之间。

三、土壤空气的更新

(一) 整体交换

土壤空气整体交换也称土壤气体的整体流动,是指由于土壤空气与大气之间存在总的压力梯度而引起的气体交换,是土体内外部分气体的整体相互流动。

土壤空气的整体交换常受温度、气压、刮风、降雨或灌溉水的影响。

(二) 气体扩散

土壤空气扩散是指某种气体成分由于其分压(浓度)梯度与大气不同

而产生的移动。其原理服从气体扩散公式：

$$F = -D \cdot dc/dx$$

式中，F 是单位时间气体扩散通过单位面积的数量；dc/dx 是气体浓度梯度或气体分压梯度；D 是扩散系数，负号表示其从气体分压高处向低处扩散。

土壤呼吸：土壤空气与大气间通过气体扩散作用不断地进行着气体交换，使土壤空气得到更新的过程如图 4-1 所示（类似生物呼吸）。

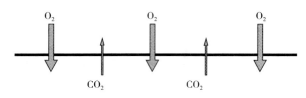

图 4-1 土壤呼吸

四、土壤通气性

（一）土壤通气性定义与指标

1. 土壤通气性

土壤通气性又称土壤透气性，是指土壤空气与近地层大气进行气体交换以及土体内部允许气体扩散和流动的性能。

2. 指标

（1）静态指标

容积分数或充气孔隙度；土壤的空气组成（CO_2 和 O_2 等的含量）。

取样的代表性不十分确定。

（2）土壤通气量

土壤通气量是指在单位时间内，单位压力下，进入单位体积土壤中的气体总量（CO_2 和 O_2），常用单位是毫升×厘米$^{-2}$×秒$^{-1}$。土壤通气量的大小标志着土壤通气性好坏，通气量大则土壤通气性良好。

（3）土壤氧化还原电位（Eh）

土壤的 Eh 取决于土壤溶液中氧化态和还原态物质的浓度比，而后者又主要取决于土壤中的氧化压或溶解态氧的浓度，这就直接与土壤通气性相联系。因此 Eh 可以作为土壤通气性的指标，指示土壤溶液中氧压的高低，反映土壤通气排水状况。

（二）土壤通气性的调节

（1）调节土壤水分含量；

(2) 改良土壤结构;
(3) 通过各种耕作手段来调节土壤通气性。

对旱作土壤,有中耕松土,深耙勤锄,打破土表结壳,疏松耕层等措施;对于水田土壤,可通过落水晒田、晒垡,搁田及合理的下渗速率等措施。

第二节 土壤热量

一、土壤热量来源与平衡

(一) 土壤热量来源
(1) 太阳辐射能,主要来源;
(2) 生物热,主要来自有机质分解;
(3) 地球内热,极少,只在温泉、火山附近等。

(二) 土壤热量平衡
土壤热量平衡是指土壤热量的收支情况。
土壤热量收支平衡可用下式表示:

$$S = Q \pm P \pm L \pm R$$

式中,S 为土壤在单位时间内实际获得或失掉的热量;Q 为辐射平衡;L 为水分蒸发、蒸腾或水汽凝结而造成的热量损失或增加;P 为土壤与大气层之间的湍流交换量;R 为土面与土壤下层之间的热交换量。

二、土壤热性质

(一) 土壤热容量
土壤热容量是指单位容积或单位质量的土壤在温度升高或降低 1℃ 时所吸收或放出的热量。可分为容积热容量;质量热容量。

容积热容量是指每 $1cm^3$ 土壤增、降 1℃ 时需要吸收或释放的热量,用 C_v 表示,单位为 $J/(cm^3·℃)$;质量热容量也称比热,是指每 1g 土壤增、降温 1℃ 时所需吸收或释放的热量,用 C 表示,单位为 $J/(g·℃)$。

两者之间的关系式为:$C_v = C \times \rho$(式中,ρ 为土壤容重)。

热容量愈大,土壤温度变化愈缓慢;反之,热容量愈小,则土壤温度变化频繁。

土壤热容量的大小主要取决于土壤水、有机质含量,但有机质含量相对稳定,所以土壤热容量的大小主要取决于土壤水含量,通过灌排调节水分含量,是调节土壤温度的重要措施。其中,土壤组成物质质量热容量、容积热容量参见表4-1。

表4-1 土壤组成物质质量热容量、容积热容量

土壤组成物质	质量热容量 ($Jg^{-1}℃^{-1}$)	容积热容量 ($Jcm^{-3}℃^{-1}$)
粗石英砂	0.745	2.163
高岭石	0.975	2.410
石灰	0.895	2.435
Fe_2O_3	0.682	—
Al_2O_3	0.908	—
腐殖质	1.996	2.515
土壤空气	1.004	$1.255×10^{-3}$
土壤水分	4.184	4.184

(二)土壤导热率

土壤导热率是评价土壤传导热量快慢的指标,它是指单位厚度(1cm)土层,温度相差1℃时,每秒钟经单位断面(1cm²)通过的热量焦耳数(单位:J/(cm·℃·s))。土壤不同组成物质导热率参见表4-2。

表4-2 土壤不同组成物质的导热率(焦耳/厘米·秒·度)

土壤组成物质	导热率
石英	$4.427×10^{-2}$
湿砂粒	$1.674×10^{-2}$
干砂粒	$1.674×10^{-3}$
泥炭	$6.276×10^{-4}$
腐殖质	$1.255×10^{-2}$
土壤水	$5.021×10^{-3}$
土壤空气	$2.092×10^{-4}$

土壤导热率取决于土壤含水量、松紧度和孔隙状况。湿土的导热率大于干土,干土的导热率随紧实度增加而增加。土粒紧实、含水量大,愈易

向下导热。

调整土壤导热率的方法有春季松土、排水；冬季压土、保水。

（三）土壤热扩散率

土壤热扩散率是指在标准状况下，当土层在垂直方向上每厘米距离内，1℃的温度梯度下，每秒钟流入$1cm^2$土壤断面面积的热量，使单位体积（$1cm^3$）土壤所发生的温度变化（参见表4-3）。公式如下：

$$K = \lambda/C_V$$

表4-3　土壤组成与土壤的热特性

土壤组成物质	容积热容量/$J \cdot cm^{-1} \cdot K^{-1}$	重量热容量/$J \cdot g^{-1} \cdot K^{-1}$	导热率/$J \cdot cm^{-1} \cdot s^{-1} \cdot K^{-1}$	导温率/$cm^2 \cdot s^{-1}$
土壤空气	0.0013	1.00	0.00021~0.00025	0.1615~0.1923
土壤水分	4.187	4.187	0.0054~0.0059	0.0013~0.0014
矿质土粒	1.930	0.712	0.0167~0.0209	0.0087~0.0108
土壤有机质	2.512	1.930	0.0084~0.0126	0.0033~0.0050

三、土壤温度

土壤温度是热平衡与热性质共同作用的结果。

（一）土壤温度的年变化

地表：1~7月为升温，7~12月为降温，7月土温最高。

（二）土壤温度的日变化

地表：日出后开始升温，13~14时最高，随后降低。

（三）不同深度土层的土温变化

随土层加深，温度变化滞后。

（四）土壤温度与作物生长

(1) 土壤温度与种子萌发；

(2) 土壤温度与作物根系生长；

(3) 土壤温度与作物营养生长和生殖生长；

(4) 土壤温度影响养分转化与吸收。

（五）土壤温度的影响因素

(1) 天文及气象：大气组成、云层高度、风速等；

(2) 地理位置：海拔高度、坡度、坡向等；

(3) 土壤组成和性质：质地、结构、水分含量、有机质含量等；

(4) 地面状况：颜色、覆盖、平坦度。

（六）土壤温度调节

(1) 合理耕作（垄作）；

(2) 施用有机肥；

(3) 覆盖与遮阴；

(4) 以水调温。

土壤水、气、热三者相互矛盾，相互制约，其中水是主导因素。因此，在农业生产中除个别情况外，主要是通过调节土壤水来调节土壤的气和热。

第五章　土壤孔性、结构性和耕性

土壤孔性、结构性和耕性都是土壤的重要物理性状，各自对土壤肥力有多方面的影响。土壤孔性是土壤结构性的反映，调节土壤孔性和结构性又是土壤耕作管理的一项重要任务。土壤孔性、结构性和耕性极易人为调控，所以研究土壤肥力、培肥土壤首先应探索的是土壤基本物理性质。

第一节　土壤孔性

土壤是由固、液、气三相构成的多相分散体系。土粒之间的空隙称为土壤孔隙，是水、气相存在的空间。土壤孔隙状况关系到水、气是否协调，并对热量、养分等产生影响。

一、土壤孔性

（一）定义

土壤中土粒或团聚体之间以及团聚体内部的空隙叫做土壤孔隙。它是孔隙度、大小孔隙搭配比例及其在土层中分布情况的综合反映。

（二）孔隙度或孔隙比——数量指标

指单位土壤容积内孔隙所占的百分数。旱地耕层土壤孔隙度为50%～56%，适宜大多数作物生长。一般砂土孔隙度为30%～45%，壤土为40%～50%，粘土为45%～60%。

（三）孔隙分级——质量指标

1. 当量孔径

当量孔径是指与一定的土壤水吸力相当的孔径，它与孔隙的形状及其均匀性无关。土壤水吸力与当量孔径的关系式为

$$d=3/T$$

式中，d 为孔隙的当量孔径（mm）、T 为土壤水吸力（100Pa）。

当量孔径与土壤水吸力成反比，土壤水吸力愈大，则当量孔径愈小。

2. 土壤密度与容重

土壤孔性一般很难直接测定，常常通过土壤容重和土壤密度来计算。同时在土壤其他性状的研究中，其应用也十分广泛。

（1）土壤密度

土壤密度指单位容积固体土粒（不包括孔隙）的干质量。

土壤密度的大小主要决定于土壤矿物质的密度和有机质的密度。有机质的密度为 $1.25\sim1.40\text{g/cm}^3$；矿物密度大多在 $2.6\sim2.7\text{g/cm}^3$ 之间；由于有机质含量很少，所以一般取矿物质密度的平均数 2.65g/cm^3 作为土壤密度。

（2）土壤容重

土壤容重指单位容积原状土壤（包括孔隙）的干质量。

旱地作物适宜的容重为 $1.1\sim1.3\text{g/cm}^3$。

3. 容重在农业中的应用

（1）反映土壤松紧状况

相同质地时，疏松的土壤容重较小，紧实的土壤容重较大；不同质地时，一般砂土＞壤土＞粘土。

（2）计算土壤三相比

孔隙度＝V孔/V土体＝（V土体－V固体）/V土体＝1－V固体/V土体

＝1－（w/土壤密度）/（w/土壤容重）＝1－土壤容重/土壤密度

固相率＝1－孔隙度＝土壤容重/土壤密度

液相率（土壤容积含水量）＝土壤质量含水量×土壤容重

气相率＝1－固相率－液相率＝孔隙度－液相率

土壤三相比＝固相率∶液相率∶气相率

适宜的土壤三相比为：固相率50%左右；容积含水率25%～30%；气相率15%～25%。

（3）计算土壤的重量以及土壤中各组分（如土壤水分、有机质、养分和盐分等）的含量

例5-1 若土壤容重为 1.15g/cm^3，则每亩耕层土壤（0～20cm）的总重为多少？

解 $667\times0.2\times1.15\times10^3=153410\text{kg}\approx1.5\times10^5\text{kg}=150\text{t}$。

例5-2 若土壤全氮为0.1%，计算每亩耕层土壤含氮量？

解 $150\text{t}\times0.1\%=150\text{kg}$。

例5-3 若土壤含水量为5%，要求灌水后达到20%，则每亩需灌水

多少?

解 150t×(20%-5%)=22.5t。

(四)土壤孔隙类型

根据当量孔径大小及其作用可如下分类。

1. 非活性孔

非活性孔又称无效孔、束缚水孔,是土壤中最细微的孔隙,当量孔径一般<0.002mm,土壤水吸力>$1.5×10^6$Pa。根毛和微生物不能进入此孔隙,因此其中的养分和水分难以被植物利用。

质地愈粘,非活性孔愈多,则无效水愈多。对作物生长来说,非活性孔度愈小愈好。

2. 毛管孔隙

毛管孔隙也称贮水孔隙,当量孔径约为0.02~0.002mm,土壤水吸力$1.5×10^5$~$1.5×10^6$Pa,具有毛管作用。在保证良好通气性的前提下,毛管孔隙度愈大愈好。

3. 通气孔隙

当量孔径>0.02mm,相应的土壤水吸力<$1.5×10^5$Pa,毛管作用明显减弱。旱地耕层土壤通气孔隙度在10%~20%为佳。

(五)孔隙分布

上虚下实较好——蒙金土。

二、影响土壤孔性的因素及其调控

(1)内因:质地、结构、有机质;

(2)外因:自然因素(气象变化);

(3)人工管理措施:灌溉、施肥、耕作等农业生产上常采用施用有机肥、适宜耕作等调控土壤孔性。

第二节 土壤结构性

自然界的土壤中,土壤固体颗粒很少以单粒形式存在,一般都会胶结成大小、形状、性质不一的团聚体。

一、土壤结构体和土壤结构性

1. 土壤结构体

土壤结构体又称土壤结构,是指原生土粒(单粒)和次生土粒(复粒）的排列与组合状况。

2. 土壤结构性

土壤结构性指土壤结构体的数量、大小、形状、性质、相互排列方式以及相应的孔隙状况等综合特性。

通常所说的土壤结构多指结构性。

二、土壤结构体的类型及特性

1. 块状结构

其长、宽、高三轴大体近似，边面不明显。缺乏有机质、质地粘重的土壤中，尤其过干、过湿耕作时最易形成。

2. 核状结构

长、宽、高三轴大体近似，边面棱角明显，较块状结构小。常出现在石灰性土壤和缺乏有机质的粘重心土、底土层中。

3. 柱状结构与棱柱状结构

结构体的垂直轴特别发达，呈立柱状；半干旱地带的心、底土中常出现。

棱柱状结构棱角明显；质地粘重而干湿交替频繁的心、底土中常出现（如水稻土的潴育层中）。

4. 片状结构与鳞片状结构

结构体的水平轴特别发达，即沿长、宽方向发展呈薄片状，厚度稍薄，流水沉积作用所致，故多出现在冲积土壤中。

片状结构体间较为弯曲者称为鳞片状结构，由农耕机具长期压实造成，故多出现在耕作历史较长的水稻田和长期耕深不变的旱地土壤犁底层。

5. 团粒结构

通常是指土壤中近于圆状小团聚体，其粒径为 0.25～10mm。农业生产上最理想的团粒结构粒径为 2～3mm。多出现在有机质含量高的耕作层土壤中，具有多级孔隙和水稳性、机械稳定性和生物稳定性。通常所说的改良土壤结构就是指促进团粒结构的形成。

孔隙性质是评价结构性的重要指标，它包括整个土体的孔隙分布状况以及结构体内外的孔隙分布状况，良好的土壤结构性应该具备以下两个条件：

（1）在土体以及团粒内外的孔隙分配上，除了有较多的孔隙容量外（土壤总孔隙度大），大小孔隙的分配要适当；

（2）土壤团粒要有一定的稳定性（水稳性、机械稳定性、生物稳定性），才能使良好的孔隙状况得以保持，使它们在雨水、灌溉、耕作等影响下不至于迅速破坏，从而避免孔隙性质恶化。

不良结构体（块状、柱状、片状等）：总孔隙度小，主要是小的非活性孔隙，结构体之间大的通气孔隙往往成为漏水漏肥的通道。植物根系很难穿扎，干裂时常扯断根系。

良好结构体（团粒）：不仅总孔隙度大，而且有多级孔隙，大小孔隙分配适当，兼有蓄水和通气的双重作用，团粒之间排列疏松，易于耕作。

三、土壤团粒结构的形成

（一）形成过程

单粒→复粒→微团聚体→团聚体（团粒）

团粒结构体是多次团聚复合的结果，每团聚一次产生一级孔隙，所以团粒结构不但总孔度大，而且具备大小多级孔隙。

（二）形成条件

1. 胶结物质

(1) 有机胶体：腐殖质、蛋白质、多糖等；

(2) 无机胶体：层状铝硅酸盐、铁铝氧化物（稳定性较强）；

(3) 胶体的凝聚作用：金属盐类（Ca^{2+}）；

(4) 水膜：细土粒具有表面能，能吸引水分子，通过水分子可使土粒相互联系在一起。

2. 成型动力

(1) 生物作用：植物根系在生长过程中，对土体会产生一定程度的穿插、分割作用，把土体切割成土团。在根系生长过程中，还会对土团产生挤压，把土团压紧，在根系发达的表层土壤中容易产生较好的团粒结构。另外，土壤中的动物和微生物对土壤结构的形成也能起到一定的作用。

(2) 干湿交替：湿土在干燥过程中会发生体积收缩，由于土体的各部分和各种胶体脱水程度和速率不同，收缩的程度也不同，就会使土体裂开形成各种结构体。

(3) 冻融交替：土壤孔隙中的水结冰后，体积增大，对土体产生压力，使土体崩碎，有助于团粒结构的形成。

(4) 耕作：合理的耕作施肥，有助于团粒结构的形成，不合理的耕作会破坏团粒结构。

四、土壤团粒结构与土壤肥力

团粒结构对土壤肥力的作用：能协调水分和空气的矛盾，稳定土壤温度；能协调土壤有机质中养分的消耗和积累的矛盾（保肥与供肥）；改良耕性，有利于作物根系伸展。

总之，团粒结构使土壤孔性良好，协调土壤水、肥、气、热的能力强，耕性优良。

五、土壤结构的改善与恢复

（1）增施有机肥：提供有机胶体。

（2）扩种绿肥牧草、实行合理耕作：提供胶结物质和成型动力。

科学的农田土壤管理包括合理灌溉（喷灌、滴灌等）、水旱轮作、晒垡、冻垡、适耕期。

（3）合理耕作，调节土壤 pH 值等。

（4）施用土壤结构改良剂。

天然高聚物（胡敏酸、树脂胶等）、天然无机物（膨润土、沸石）：所用原料多，施用量大，且形成的团聚体稳定性差。

人工合成高聚物（水解聚乙烯，乙酸乙烯脂等）可快速形成团聚体，并维持 3~5 年，但价格昂贵，施用技术高，一般不含养分。目前处于试用阶段。

近年来，腐殖酸类肥料是一类较有发展前景的改良剂。

第三节　土壤耕性

土壤耕性是指土壤在耕作时所表现出来的特性，它是土壤物理性质和物理机械性质的综合反映。

一、土壤耕性的内容

主要包括耕作的难易程度、耕作质量的好坏、宜耕期的长短三个方面。

1. 耕作的难易程度

良好的土壤耕性要求耕作时，阻力要尽可能地小，以使节约劳力和能源。

2. 耕作质量的好坏

良好的土壤耕性要求耕作后土质要疏松，以有利于根系的穿插、保温、保墒、通气和养分转化。

3. 宜耕期的长短

良好的土壤耕性耕作要求土壤的宜耕期尽可能地长。

二、土壤物理机械性质

土壤的物理机械性质是土壤动力学性质的统称，主要包括粘结性、粘着性、可塑性、膨胀性以及其他受外力作用后而变形的性质。

（一）粘结性和粘着性

1. 粘结性

粘结性指土粒与土粒之间相互吸引而粘结在一起的性质。其中的粘结力主要有分子引力、静电引力、水膜的表面张力等物理引力，也有氢键及其他化学键能的参与。

土壤的粘结性使土壤具有抵抗外力破碎的能力，也是耕作时产生阻力的主要原因之一。

2. 粘着性

粘着性指土壤在一定含水量的情况下，土粒粘着于外物表面的性质。

土壤粘着性是由土粒、水、外物相互之间的分子引力引起的，这种性质会使土壤在耕作时粘着农具，增加摩擦阻力，造成耕作困难。

3. 影响粘结性和粘着性的因素

（1）土壤质地

土壤质地越细，接触面积越大，粘结性、粘着性越强，所以粘质土壤的粘结性、粘着性比砂质土壤强，即粘质土壤比砂质土壤难耕作。

（2）土壤含水量

土壤含水量对粘结性、粘着性都有很大的影响，但是影响不同。

粘结性：土壤含水量越小，土粒之间的距离越近，分子引力越大，粘结性愈强，所以干燥的土块破碎比较困难，随着土壤含水量的增加，水膜使土粒之间的距离加大，分子引力减弱，粘结力减弱。

粘着性：土壤干燥时，没有粘着性。随着水分含量的增加，土粒与外物表面有水膜的生成，粘着性增加，但当土壤含水量增加到饱和持水量的80％以后，由于水膜太厚，又会降低粘着性，到土壤呈现流体状态时，粘着性逐渐消失。

（3）土壤结构

由于土粒与土粒的接触面积小，团粒结构土壤粘结性、粘着性小，易于耕作。

（4）土壤腐殖质含量

腐殖质能覆盖在土粒表面，改变土粒接触面的性质，而且腐殖质的粘结性、粘着性比粘粒小，但比砂粒大，所以腐殖质既能改善粘质土的粘结性、粘着性大，坚硬板结的缺点，又能改善砂土的松散、无结构状态。

（5）粘土矿物的类型

蒙脱石、伊利石的比表面比高岭石大得多，粘结性、粘着性也比高岭石大。

（6）土壤代换性阳离子的组成

阳离子的种类会影响土粒的分散和团聚，K^+、Na^+等一价阳离子可以使土粒分散，土粒接触面积增加，从而导致粘结性、粘着性增加。Ca^{2+}、Mg^{2+}能使土壤胶体凝集，土粒接触面积减少，从而降低粘结性、粘着性。

（二）可塑性

1. 定义

可塑性指土壤在一定含水量范围内可被外力作用任意塑造成各种形状，外力消失和土壤干燥后，仍能保持其变形的性能。

2. 影响土壤可塑性的因素

（1）土壤含水量

干土没有可塑性。当水分含量逐渐增加时，土壤才会逐渐表现出可塑性。当土壤开始出现可塑状态时的水分含量称为下塑限（塑限）；随着土壤水分含量的增加，土壤失去可塑性而开始流动，此时的土壤含水量称为上塑限（流限）。

$$上塑限－下塑限＝塑性值（塑性指数）$$

（2）土壤质地

土壤中粘粒越多，质地越细，可塑性越强。随着粘粒含量的增加，下塑限、上塑限均提高，但幅度不一样，塑性值增加。

（3）粘土矿物的类型和代换性阳离子的种类

蒙脱石分散度高，它的下塑限、上塑限、塑性值都明显大于高岭石，水云母则介于二者之间，即蒙脱石＞水云母＞高岭石。

代换性钠离子水化度大，能使土壤分散，土壤可塑性增加；而Ca^{2+}能使土壤凝集，分散度减少，土壤可塑性降低。

（4）有机质含量

OM能提高上塑限和下塑限，一般不改变塑性值。由于下塑限提高，因此减少了产生可塑性的机会，即含水量和质地相同的土壤，有机质增加时可塑性降低。同时延长了旱地宜耕期，改善了土壤耕性。

（三）胀缩性

1. 定义

土壤吸水后膨胀，干燥后收缩的性质称为土壤的胀缩性。土壤胀缩性越强,对生产越不利。当土壤膨胀时,会对周围土壤产生强大的压力,可能会对植物根系产生机械损伤;土壤干燥收缩时,可能会拉断植物根系。

2. 影响土壤胀缩性的因素

(1) 土壤胶体:胶体的品质直接影响到胀缩性的强弱;

(2) 粘土矿物的类型:蒙脱石晶层之间结合不紧,水分容易进入,高岭石晶层之间结合紧密,水分较难进入,所以蒙脱石的膨胀性比高岭石大;

(3) 代换性阳离子的种类:当代换性阳离子是 Na^+ 时,因其水化作用强,土壤胀缩性大;而当代换性阳离子是 Ca^{2+} 时,因其水化作用小,土壤胀缩性弱。

三、合理耕作

耕作时,选择土壤粘结性最小,粘着性尚未出现时进行,这样耕作阻力小,耕后土壤质量好。塑性范围内不宜耕作。

在适宜的含水量范围内及时耕作为适耕状态。若任务紧迫,不得不在不适宜的含水量条件下耕作,原则上应宁干勿湿,以免形成大量难打碎的土块等。

选择旱地土壤的宜耕状态:表土细裂,土块外干内湿;取一把土抬紧时可粘结成团,放开自然落地,土团松散;试耕,土块不黏附农具为宜。

四、土壤耕性改良

土壤耕性主要取决于土壤物理机械性,而土壤物理机械性则决定于土壤质地、含水量、结构等。改良耕性应从调节土壤质地和控制水分着手,主要包括:增施有机肥;掺砂或粘土改良质地;促建团粒结构;掌握宜耕含水量及宜耕时期。

第六章 土壤保肥性和供肥性

第一节 土壤胶体及其基本特性

土壤胶体是土壤中最活跃的部分，直接影响土壤发生和发育，土壤的理化性质及保肥、供肥能力。

一、土壤胶体的定义

土壤胶体是指土壤中最细微的颗粒，胶体颗粒的直径一般在1～100nm之间。实际上，土壤中小于1000nm的粘粒都具有胶体的性质，所以直径在1～1000nm之间的土粒都可归属于土壤胶粒的范围。

二、土壤胶体种类

（一）无机胶体

层状铝硅酸盐和铁、铝、硅等的氧化物及水合物。

1. 层状硅酸盐粘土矿物

（1）构造特征

a. 基本结构单位

硅氧四面体，由一个硅离子（Si^{4+}）和四个氧离子（O^{2-}）组成；

铝氧八面体，由一个铝离子（Al^{3+}）和六个氧离子O^{2-}（或氢氧离子）组成。

b. 单位晶片

从化学式上看，硅氧四面体$(SiO_4)^{4-}$和铝氧八面体$(AlO_6)^{9-}$都还不是化合物。在形成硅酸盐矿物之前，硅氧四面体和铝氧八面体需要各自分别聚合，在平面上这种结构称为单位晶片。

硅氧四面体通过共用底部氧的方式在平面上连接成四面体片——硅片，硅片顶端的氧仍带有负电荷。

铝氧八面体通过共用两端氧的方式在平面上连接成八面体片——铝片，铝片上下两端的氧都带有剩余负电荷。

c. 单位晶层

由于硅片 $n(SiO_{10})^{4-}$、铝片 $n(Al_4O_{12})^{12-}$ 都还带有负电荷，不稳定，必需重叠化合以后才能形成稳定的化合物。硅片和铝片以不同的配合方式在垂直方向上重叠成单位晶层，根据形成单位晶层时硅片和铝片的配合比例不同可形成1∶1型、2∶1型、2∶1∶1型的单位晶层。

1∶1型单位晶层：由一层硅片和一层铝片组成，硅片顶端的活性氧、铝片底层的活性氧通过共用的方式连接在一起。

2∶1型单位晶层：由两层硅片夹一层铝片组成，两层硅片顶端的活性氧都朝向铝片、铝片两端的氧分别与两层硅片顶端的氧通过共用的方式连接在一起。

2∶1∶1型单位晶层：在2∶1型单位晶层的基础上多了一个水镁片和水铝片。

d. 同晶替代（同晶置换）

同晶替代是指组成矿物的中心离子被电性相同、大小相近的离子所替代，而晶格构造保持不变的现象。同晶替代的规律：高价阳离子被低价阳离子取代的多，如四面体中的 Si^{4+} 被 Al^{3+} 离子所替代，八面体中 Al^{3+} 被 Mg^{2+} 替代，因此土壤胶体一般其净电荷为负电荷，能吸附土壤溶液中带相反电荷的离子，使土壤具有保肥能力；同晶替代现象在2∶1和2∶1∶1型的粘土矿物中较普遍，而在1∶1型的粘土矿物中则相对较少。

（2）常见种类及一般特性

a. 1∶1型——高岭石

一般特性：无膨胀性；电荷数量少，阳离子交换量只有3~15Cmol（＋）Kg^{-1}；胶体特性较弱、较粗（0.2~2mm），颗粒的总表面积相对较小，为 $10\sim20\times10^3 m^2 kg^{-1}$。

高岭石是南方热带和亚热土壤中普遍存在的粘土矿物，在华北、西北、东北及西藏高原土壤中含量较少。

b. 2∶1型——蒙脱石、蛭石

一般特性：胀缩性大，蛭石的膨胀性比蒙脱石小；电荷数量大，蒙脱石主要发生在铝片中，一般以 Mg^{2+} 代 Al^{3+}，蛭石的同晶替代主要发生在硅片中；胶体特性突出，较细（有效直径0.01~1mm），总表面积为 $600\sim800\times10^3 m^2 kg^{-1}$，且80%是内表面。蛭石一般为 $400\times10^3 m^2 kg^{-1}$。

c. 2∶1型非膨胀性矿物——伊利石

一般特性：无膨胀性，在伊利石晶层之间吸附有钾离子，对相邻两晶层产生了很强的键联效果，使晶层不易膨胀，伊利石晶层的间距为1.0nm；电荷数量较大，阳离子交换量20~40Cmol（＋）kg^{-1}；胶体特性

一般，总表面积为 $70\sim120\times10^3\,m^2\,kg^{-1}$，其可塑性、粘结性、粘着性和吸湿性都介于高岭石和蒙脱石之间。

伊利石广泛分布于我国多种土壤中，尤其是华北干旱地区的土壤中含量较高，而南方土壤中含量较低。

d. 2∶1∶1 型——绿泥石

一般特性：同晶替代较普遍，元素组成变化较大，阳离子交换量为 $10\sim40\,Cmol(+)\,kg^{-1}$；颗粒较小，总面积为 $70\sim150\times10^3\,m^2\,kg^{-1}$。

土壤的绿泥石大部分是由母质遗留下来，但也可能由层状硅酸盐矿物转变而来。沉积物和河流冲积物中含较多的绿泥石。

2. 非硅酸盐粘土矿物

非硅酸盐粘土矿物即氧化物矿物，电荷的产生是通过质子化和表面羟基 H^+ 的解离，即可带负电荷也可带正电荷，决定于土壤溶液中 H^+ 浓度的高低。

（1）氧化铁

土壤中常见的氧化铁矿物是赤铁矿和针铁矿。

针铁矿：黄色或棕色，呈针状，在温带、亚热带与热带的土壤中大量存在。

赤铁矿：红色，呈六角板状，少量赤铁矿的存在也会使土壤看起来呈红色。在高温、潮湿、风化程度很深的红色土壤中存在较多。

存在方式：呈胶膜质包被在土壤颗粒的表面或铁盘。

（2）氧化铝

（3）氧化硅

结晶态氧化硅：主要是 a-石英。

非晶质的氧化硅：蛋白石起重要作用的主要是非晶质（无定形）的铁铝氧化物。非晶质的铁铝氧化物可以吸附阴离子，如土壤中磷酸根离子的吸附，使磷被固定，失去其有效性。

（二）有机胶体

主要指的是土壤中的腐殖质。与无机胶体相比，易被微生物分解，经常需要通过施用有机肥来补充。

（三）有机无机复合体

50%～90%的有机胶体与无机胶体结合形成有机无机复合体。

三、土壤胶体构造

土壤胶体分散系包括胶体微粒（分散相）和微粒间溶液（分散介质）两大部分。胶体微粒在构造上可由胶核、决定电位离子层和补偿离子层（非活性补偿离子层和扩散层）三部分组成。胶体微粒是电中性，胶粒不包括扩散层，所以通常所说的胶体带电是指胶粒带电。

（一）胶核

主要由腐殖质、无定形的 SiO_2、氧化铝、氧化铁、铝硅酸盐晶体物质、蛋白质分子以及有机、无机胶体的分子群构成。

（二）双电层

胶核表面的一层分子，通常解离成离子，形成一层离子层（决定电位离子层）；通过静电引力，在其外围形成一层符号相反而电量相等的离子层（补偿离子层），所以称之为双电层。

完全电位：决定电位离子层与粒间、溶液间的电位差。在一定的胶体分散体系中，完全电位不变。

电动电位：非活性补偿离子层与粒间、溶液间的电位差。实际上，胶粒对溶液表现出来的电位势，即胶体所显示的电性强弱决定于此电位。

电动电位随扩散层厚度增大而增大。扩散层厚度取决于补偿离子的价数、半径、水化程度等，一般价数愈大（静电引力大），半径愈大，水化愈弱（电荷密度小，离子水化半径小，静电引力大），扩散层愈薄。

四、土壤胶体性质

（一）土壤胶体的比表面和表面能

土壤胶体的表面按位置可分为外表面、内表面、比表面。

外表面：粘土矿物，Fe、Al、Si 等氧化物，腐殖质分子暴露在外的表面。

内表面：主要指的是层状硅酸盐矿物晶层之间的表面以及腐殖质分子聚集体内部的表面。

比表面：单位重量或单位体积物体的总表面积。很显然，颗粒越小，比表面越大。砂粒与粗粉粒的比表面相对于粘粒来讲很小，可以忽略不计，所以土壤的比表面实际上主要取决于粘粒。另外，土粒的表面凸凹不平，并非光滑的球体，它的比表面比光滑的球体要大，而且粉粒和粘粒大多呈片状，比表面更大。

有些无机胶体（如蒙脱石类粘土矿物）除了有巨大的外表面，因其表面可向晶层之间扩展，还有巨大的内表面。

有机胶体除了有巨大的外表面，同样也有巨大的内表面，所以有机胶体同样有巨大的比表面。比如，腐殖质分子比表面可高达 $1000 m^2/g$。

由于土壤胶体有巨大的比表面，所以会产生巨大的表面能，我们知道物体内部的分子周围是与它相同的分子，所以在各个方向上受的分子引力相等，因此相互抵消。而表面分子则不同，它与外界的气体或液体接触，在内外两面受到的是不同的分子引力,不能相互抵消,所以具有剩余的分子引力,由此而产生表面能。这种表面能可以做功,吸附外界分子,胶体数量越多,比表面越大,表面能也越大,吸附能力也愈强。

(二)土壤胶体的带电性

土壤胶体的种类不同,产生电荷的机制也不同。根据土壤胶体电荷产生的机制,一般可分为永久电荷和可变电荷。

1. 永久电荷

是指由粘土矿物晶格中的同晶置换所产生的电荷。由于同晶置换一般发生在粘土矿物的结晶过程中,存在于晶格的内部,这种电荷一旦形成就不会受到外界环境(pH、电解质浓度)的影响,因此称为永久电荷。

硅氧四面体的中心离子 Si^{4+} 和铝氧八面体的中心离子 Al^{3+} 能被其他离子所代替,从而使粘土矿物带上电荷。多数情况下是粘土矿物的中心离子被低价阳离子所取代:比如 $Al^{3+} \rightarrow Si^{4+}$,$Mg^{2+} \rightarrow Al^{3+}$,所以粘土矿物以带负电荷为主。

2. 可变电荷

土壤中有些电荷的数量和性质会随着介质 pH 的改变而改变,这些电荷称为可变电荷。其产生原因有以下几种:

(1) 表面分子解离

如腐殖质胶体的羧基和羟基以及粘土矿物晶层表面羟基解离,是大多数土壤产生电荷的原因。

(2) 断键

晶层断裂出现未中和键,如 $Si-O^-$、$Al-O^-$,是高岭石带电的主要原因。

(3) 从介质中吸附离子

如吸附 H^+、PO_4^{3-} 等。

(三)土壤胶体的凝集和分散作用

土壤胶体有两种不同的状态,一种是土壤胶体微粒均匀地分散在水中,呈高度分散的溶胶;一种是胶体微粒彼此凝集在一起,呈絮状的凝胶。

土壤胶体受某些因素的影响,使胶体微粒下沉,由溶胶变成凝胶的过程称为土壤胶体的凝集作用;反之,由凝胶分散成溶胶的过程称为胶体的分散作用。

土壤胶体是凝集还是分散主要取决于电动电位:通常土壤胶体是带负电荷的,土壤胶体之间带有负的电动电位,是相互排斥的,这种负电动电位越高,排斥力越强,越能成为稳定的溶胶,但当这种负电动电位降低到土壤胶体之间分子引力大于静电排斥力时,胶体就会相互凝集形成凝胶。

比如，向溶液中加入多价离子就能降低负电动电位，促使胶体凝集。凝集力：$Fe^{3+}>Al^{3+}>Ca^{2+}>Mg^{2+}>H^+>NH_4^+>K^+>Na^+$。

在土壤中土壤胶体处在凝胶状态时，有利于水稳性团粒的形成，有利于改善土壤结构，所以向土壤中施用石灰能促进胶体凝集，有利于水稳性团粒的形成，对改良土壤结构有良好作用。当土壤胶体处在溶胶状态时，会使土壤粘结性、粘着性、可塑性增加，降低宜耕期，降低耕作质量。

第二节 土壤保肥性、供肥性与植物生长

一、土壤的保肥性、供肥性

土壤的保肥性是指土壤吸持和保存植物养分的能力。土壤保肥能力的大小受土壤对植物养分多种作用（分子吸附作用、化学固定作用和离子交换作用）的影响，其中离子交换作用是影响土壤保肥性能中最重要的因素之一。

1. 保肥性（nutrient preserving capability）

（1）物理吸收（分子吸附作用）

即将分子态养分吸附在土壤腔粒表面，而不改变其物质结构。这种作用既能保存养分不被淋失，又可使其在土壤溶液中呈现一定的浓度梯度，有利于作物选择适宜浓度摄取和吸收。

（2）化学吸收（化学固定作用）

即土壤物质与养分离子起化学反应，生成溶解度很低的化合物，保存于土壤中。此种作用的有利之处在于能减轻某些土壤物质对于作物的毒害，如在嫌气条件下 H_2S 可与 Fe^{2+} 离子产生沉淀反应，生成难溶性的 FeS；而不利之处则在于会降低一些可溶性养分被利用的程度，如磷酸盐与钙、铁、铝等离子结合后，形成难溶性的 Ca—P，Fe—P 或 Al—P。

（3）物理化学吸收（离子交换作用）

即土壤胶体的表面电荷能吸附带相反电荷的养分离子，而这些被吸附的离子又在一定条件下，与土壤溶液中带同号电荷的离子相交换，并达到动态平衡。这种作用是土壤保肥性中最重要的一种机制。由于土壤胶体的表面电荷是以负电荷为主，因此在衡量土壤保肥性的强弱时，常用阳离子交换量（cmol（＋）/kg 土）作为指标。

（4）生物固持和钾、铵固定

生物固持是指土壤生物在其生命活动中吸收养分、组成有机体，使无

机态养分转化为有机态。钾、铵固定即 2∶1 型粘土矿物晶层间的 K^+ 和 NH_4^+ 陷入硅层晶穴，从交换态转变为非交换态。它们也是土壤保肥性的重要作用机制。增施有机肥料、适宜耕作和客土等，是增强土壤保肥性的有效措施。

2. 供肥性（nutrient supplying capability）

土壤向植物提供养分的能力。它同土壤养分的强度因素（I）和容量因素（Q）关系密切。供肥过程决定于土壤养分向根系表面的移动方式，主要有以下几种：

（1）质流

当植物因叶面蒸发而大量失水时，根系不断吸水，在其四周形成水分亏缺区，并与周围土壤之间产生水分梯度（水位差），从而使水分源源不断地向根域移动。养分随质流进入根域的速度大于它被根系吸收的速度时，在根表将出现富集现象；反之，则产生养分亏缺区。土壤中的钙、镁、铁、锌、铜、硼等，有时还有硫酸根和硝酸根等，都主要是经质流向植物提供的。

（2）扩散

紧邻根表土壤中的养分因被根系吸收，其浓度较根域外土壤的低得多，从而形成浓度梯度（浓度差），引起养分向根表扩散。在干燥土壤中，由于多数孔隙被空气占据，减少了养分经土壤溶液向根表扩散的截面，使土壤供肥性能减弱。一般认为，土壤溶液中通常浓度较低的氮（主要是 NH_4^+）、钾等养分主要是通过扩散作用移向根表供作物吸收的。

（3）截获

当根系在土壤中伸展，根毛接触到养分离子时能将其直接吸收，一是通过根应吸附的 H^+ 离子同土壤溶液中的或胶体表面的养分离子交换；二是通过根表吸附的离子（通常是 H^+ 离子）同胶体表面的养分离子接触空换。根据植物对各种营养元素吸收利用的难易程度，一般可把土壤养分分成两大类：一类是速效养分，又称有效养分；另一类是缓效养分。把缓效养分转化为速效养分是土壤供肥性能的表现；相反，把速效养分转化为贮藏形态的养分就是土壤保肥性能的表现。因此，土壤的保肥性和供肥性是相互矛盾的；同时，土壤的保肥性与供肥性又是相互统一的。

二、土壤保肥性、供肥性对植物生长的影响

土壤的保肥性和供肥性对植物生长有重要的影响。土壤的保肥性差，施到土壤中的肥料就容易被淋失，造成植物生长后期脱肥，即通常所说的"发小不发老"。对于这种土壤，施肥时应少量多次，防止后期脱肥。土壤的供肥性好是指土壤的供肥速度适中。若供肥太快、太猛，也会造成土壤

养分因来不及被植物吸收而流失；相反，如果土壤的供肥速度太慢，则不能满足植物生长需要，应注意补充速效肥料。因此，一般要求土壤既有较强的保肥能力，又有较强的供肥能力。

第三节　土壤的吸附保肥作用

一、土壤吸收性能的定义与作用

（一）定义

土壤的吸收性能是指土壤能吸收、保留土壤溶液中的分子和离子，悬浮液中的悬浮颗粒、气体及微生物的能力。

（二）作用

土壤的吸收性能与土壤保肥、供肥性关系密切；能影响到土壤的酸碱性以及缓冲性等化学性质；能直接或间接地影响到土壤的结构性、物理机械性、水热状况等。

二、土壤吸收性能的类型

按照吸收性能产生的机制，土壤吸收性能分为以下几种类型：

（一）机械吸收性能

土壤对物体的机械阻留。土壤机械吸收性能的大小主要取决于土壤的孔隙状况。孔隙过粗，阻留物少；孔隙过细，会造成阻留物下渗困难，容易形成地面径流和土壤冲刷。

（二）物理吸收性能

土壤对分子态物质的保存能力，包括正吸附和负吸附。

1. 正吸附

养分集聚在土壤胶体的表面，胶体表面养分的浓度比溶液中大。

2. 负吸附

土壤胶体表面吸附的物质较少，胶体表面养分的浓度比溶液中小。

（三）化学吸收性能

易溶性盐在土壤中转变成难溶性盐而沉淀、保存在土壤中的过程，这一过程是以纯化学反应为基础的，称为化学吸收。比如可溶性的磷酸盐，在土壤中与 Ca^{2+}、Mg^{2+}、Fe^{2+}、Al^{3+} 等，发生化学反应生成难溶性的磷酸钙、磷酸镁、磷酸铁、磷酸铝。化学吸收性能虽然能使易溶性养分保存下来，减少流失，但同时也降低了这些养分对植物的有效性，所以在生产上要尽量避免有效养分化学固定的产生。化学吸收也有一些好处，比如 H_2S、Fe^{2+} 对水稻根系有毒害作用，但是在水田嫌气条件下有 H_2S+Fe^{2+} →$FeS\downarrow$，降低它们的毒害作用。

（四）离子交换吸收性能

土壤对可溶性物质中的离子态养分的保持能力。由于土壤胶体带正电荷和负电荷，能吸附土壤溶液中电性相反的离子，被吸附的离子还能与土壤溶性中的同电性的离子发生交换而达到动态平衡，这一过程以物理吸附力为基础，但又表现出化学反应的某些特征，所以称为土壤的物理化学吸附性能或土壤的离子交换作用。

（五）生物吸收性能

土壤中植物根和微生物对营养物质的吸收，它具有选择性和创造性，同时能累积和集中养分。

上述几种土壤吸收性能并不是孤立存在的，而且相互联系、相互影响的。在这几种土壤吸收性能中，对土壤的供肥性和保肥性贡献最大的是土壤的离子交换吸收性能。

三、土壤的离子交换吸收性能

（一）土壤的阳离子交换

是指带负电荷的土壤胶体所吸附的阳离子与土壤溶液中的阳离子发生交换而达到动态平衡的过程。

1. 土壤的阳离子交换作用

通常土壤胶体带负电荷，能吸附土壤溶液中的阳离子以中和电性，被吸附的阳离子在一定条件下也能被土壤溶液中其他的阳离子交换下来。

比如土壤胶体上原来吸附有 Ca^{2+}，当施用 K_2SO_4 后，Ca^{2+} 就能被 K^+ 交换下来而进入土壤溶液。

$$\boxed{土壤胶体}\ Ca^{2+} + K_2SO_4 \rightleftharpoons \boxed{土壤胶体}\ 2K^+ + CaSO_4$$

土壤溶液中的离子转移到土壤胶体上的过程称为吸附；土壤胶体上吸附的离子转移到土壤溶液的过程称为解吸。

2. 土壤阳离子交换作用的特点

（1）可逆、迅速

当土壤溶液的组成和浓度发生改变时，已吸附土壤胶体上的阳离子完全可以被其他的阳离子代换下来而进入土壤溶液，反应非常迅速，即溶液中的阳离子与胶体表面吸附的阳离子处于动态平衡。这一点在植物营养上有很重要的作用，土壤胶体表面的养分绝大部分需要转移到土壤溶液中才能被吸收，由于阳离子交换反应是可逆反应，因此被吸附的阳离子完全可以被其他的阳离子交换下来，重新进入土壤溶液供植物吸收利用。

(2) 等当量交换

一个 Ca^{2+} 可交换两个 K^+，$1mol Fe^{3+}$ 可交换 $3mol K^+$ 或 Na^+。交换的结果依然维持电中性。

(3) 符合质量作用定律

$$k = \frac{[产物1][产物2]}{[反应物1][反应物2]}$$，可以通过改变某一反应物浓度达到改变产物浓度的目的。

3. 土壤的阳离子交换能力

指一种阳离子将土壤胶体上的另外一种阳离子交换下来的能力。

影响土壤阳离子交换能力的因素主要有以下几个方面：

(1) 电荷数量

根据库仑定律，离子电荷价越高，受胶体的吸附能力越大，交换能力也越大，所以 $M^{3+} > M^{2+} > M^+$。

(2) 离子半径和水合半径

对于同价的离子，离子半径越大，水合半径越小（水合半径远大于离子半径），交换能力越强：

$$Fe^{3+} > Al^{3+} > H^+ > Ca^{2+} > Mg^{2+} > NH_4^+ > K^+ > Na^+$$

在这一系列中，H^+ 是例外，H^+ 的交换能力大于 Ca^{2+}、Mg^{2+}，因为 H^+ 的半径小，水化程度也弱，运动速度快，所以交换能力强。离子的运动速度也是影响离子交换能力的一个因素（参见表6-1）。

表6-1 离子半径、水化半径与交换能力的关系

一价离子种类	Li^+	Na^+	K^+	NH_4^+
离子的真实半径/nm	0.078	0.098	0.133	0.143
离子的水化半径/nm	1.008	0.790	0.537	0.532
离子在胶体上的吸着力	小——————————————大			
离子对其他离子的交换力	小——————————————大			

(3) 离子浓度

因为离子交换受质量作用定律支配，所以对交换能力弱的阳离子，增加它的浓度，也可以使其交换那些交换能力强的阳离子。浓度愈大，交换能力愈强。

4. 土壤的阳离子交换量（CEC）

通常是指在一定的 pH（7）条件下，1kg 干土所能吸附的全部交换性

阳离子的厘摩尔数,单位:cmol/kg。土壤阳离子交换量可以反映土壤保肥、供肥和缓冲能力。一般,CEC>20,保肥力强;10<CEC<20,保肥力中等;CEC<10,保肥力弱。

影响土壤阳离子交换量的因素包括以下几种:
(1) 胶体的类型和数量

不同的土壤胶体所带负电荷的数量不同,阳离子交换量也不同。

一般有:有机胶体>无机胶体,2:1型>1:1型,氧化铁、氧化铝的水合物阳离子交换量非常小。胶体数量愈多,阳离子交换量愈大。

阳离子交换量:腐殖质>蛭石>蒙脱石>伊利石>高岭石。
(2) 土壤质地

质地越粘重,粘粒越多,CEC越大。
(3) 土壤pH

pH会影响到可变负电荷的数量,从而影响到土壤的阳离子交换量。pH上升可以增加土壤可变负电荷的数量,从而使土壤阳离子交换量增加。

5. 土壤的盐基饱和度

土壤胶体上吸附的阳离子基本上可分为两类。

致酸离子:H^+、Al^{3+},它们会使土壤变酸,所以称为致酸离子;

盐基离子:K^+、Na^+、Ca^{2+}、Mg^{2+}、NH_4^+ 等。

当土壤胶体上吸附的阳离子全部是盐基离子时,土壤呈现盐基饱和状态,这种土壤称为盐基饱和土壤。

土壤盐基饱和的程度一般用盐基饱和度来表示,它指的是交换性盐基离子占阳离子交换量的百分率。

$$盐基饱和度 = \frac{交换性盐基离子总量(cmol/kg)}{阳离子交换量(cmol/kg)} \times 100\%$$

盐基饱和度的作用如下:
(1) 可以反映土壤的酸碱性

盐基饱和度的高低实际上也反映出了致酸离子含量的高低,所以能反映出土壤的酸碱性。

一般,北方土壤盐基饱和度大,土壤pH较高;南方土壤盐基饱和度低,土壤pH较低。
(2) 判断土壤肥力水平

盐基饱和度>80%→肥沃土壤,盐基饱和度50%~80%→中等肥力水平,盐基饱和度<50%→肥力水平较低。

6. 交换性阳离子的有效度

土壤胶体表面吸附的离子,可以通过离子交换进入土壤溶液供植物吸收利用，但是被土壤胶体吸附的阳离子的有效度，不完全决定于该种吸附离子的绝对数量，而在很大程度上取决于解离和被交换的难易。通常应考虑以下因素：

(1) 离子饱和度

离子饱和度指土壤胶体上吸附的某一种离子的总量占土壤阳离子交换量的百分率。土壤胶体上某种离子的饱和度越大，被解吸的机会越大，该离子的有效度也越大。

观察表6-2，虽然交换性Ca^{2+}的绝对量是乙土壤＞甲土壤，但是对于Ca^{2+}的饱和度，甲土壤＞乙土壤，所以Ca^{2+}的有效度为甲土壤＞乙土壤。因此，种植同种作物在两种土壤上，乙土壤更需施钙肥。

表6-2 离子饱和度

	CEC (cmol/kg)	交换性Ca^{2+} (cmol/kg)	Ca^{2+}饱和度％
土壤甲	8	6	75
土壤乙	30	10	33

施肥要相对集中施用，增加离子饱和度，提高肥效。交换性阳离子的有效度与土壤阳离子交换量有关，故施用相同肥料于砂土、粘土，由于砂土的阳离子交换量小，交换性阳离子的有效度大，施肥后见效快，但肥效短，故施肥应少量多次。

(2) 陪补离子效应

土壤胶体上同时吸附着多种离子，对于其中任何一种离子来讲，其他的各种离子都是它的陪补离子。比如，土壤胶体上吸附有K^+、Ca^{2+}、NH_4^+、Na^+，那么K^+的陪伴离子就是Ca^{2+}、NH_4^+、Na^+，NH_4^+的陪伴离子就是K^+、Ca^{2+}、Na^+。

某一种交换性阳离子的有效度，与陪补离子的种类关系密切。一般来讲，陪补离子与土壤胶体之间的吸附力越大，越能提高被陪离子的有效度。

例如，若K^+的陪补离子是Ca^{2+}，由于Ca^{2+}与土壤胶体之间的吸附力大于K^+，所以K^+容易被交换下来，从而提高K^+的有效度。如果K^+的陪补离子是Na^+，由于Na^+与土壤胶体间的吸附力小于K^+，K^+不易被交换下，从而降低K^+的有效度（参见表6-3）。

表6-3 不同离子组成的小麦幼苗吸钙量

离子组成	小麦幼苗吸钙量 mg
40％Ca^{2+}＋60％H^+	11.15
40％Ca^{2+}＋60％Na^+	4.36

(3) 粘土矿物的类型

由于晶体构造不同,不同的粘土矿物吸附阳离子的牢固程度也不同。在一定的盐基饱和度范围内,蒙脱石类粘土矿物吸附的阳离子一般位于晶层之间,吸附比较牢固,有效度相对较低;而高岭石类粘土矿物吸附的阳离子一般位于晶体外表面,吸附力弱,有效度相对较高。

7. 阳离子的专性吸附

阳离子的非交换性吸收,离子通过表面交换与晶体上的阳离子共享1个或2个氧原子,形成共价键而被土壤吸附的现象,称为专性吸附。

专性吸附的阳离子均为非交换性离子,只能被亲和力更强的金属离子交换或部分交换,或在酸性条件下解吸。其反应也不完全遵循可逆反应和等量交换的规则。吸附作用可发生在胶体带正电、负电和零电荷,反应结果使pH下降。发生专性吸附的阳离子一般是过渡金属离子,胶体为铁、锰、铝的氧化物及水化物。

(1) 阳离子与氧化铁、铝及其水合物胶体表面氧的结合作用

$$Fe\begin{bmatrix}OH\\OH\end{bmatrix}^{-1} + M^{2+} \longrightarrow Fe\begin{bmatrix}O-MOH\\OH\end{bmatrix}^{0} + H^+$$

$$Fe\begin{bmatrix}OH\\OH\end{bmatrix}^{-1} + MOH \longrightarrow Fe\begin{bmatrix}O-MOH\\OH\end{bmatrix}^{-1} + H^+$$

(2) 矿物固定、晶穴固定

NH_4^+、K^+离子被固定在硅氧四面体联成的六边形晶穴中,不能被交换出来的现象。

(3) 阳离子专性吸附的意义

土壤和沉积物中的锰、铁、铝、硅等氧化物及其水合物,对多种微量重金属离子起富集作用,其中以氧化锰和氧化铁的作用最为明显。因此,阳离子专性吸附正日益成为地球化学领域或地球化学探矿等学科的重要内容。

专性吸附在调控金属元素的生物有效性和生物毒性方面起着重要作用。试验表明,在被铅污染的土壤中加入氧化锰,可以抑制植物对铅的吸收,对水体中的重金属污染起到一定的净化作用,并对这些金属离子从土壤溶液向植物体内迁移和累积起一定的缓冲和调节作用。另一方面,专性吸附作用也给土壤带来了潜在的污染危险。

（二）土壤的阴离子交换

是指正电荷的土壤胶体所吸附的阴离子与土壤溶液中的阴离子发生交换而达到动态平衡的过程。

1. 土壤对阴离子的静电吸附（非专性吸附）

土壤胶体虽然以带负电荷为主，但是在某些特定条件下，土壤胶体也可带正电荷。比如，Fe、Al 的氧化物在酸性条件下的解离能带正电荷：pH<4.8，$Al_2O_3 \cdot 3H_2O \rightarrow Al(OH)_2^+ + 2H^+$；高岭石在酸性条件下表面—OH 的解出能带正电荷；腐殖质分子中 R—NH_2 的质子化能带正电荷：R—$NH_2 + H^+ \rightarrow RNH_3^+$。

这些带正电荷的土壤胶体能通过静电引力而吸附阴离子，这种通过静电引力而对阴离子产生的吸附，称为土壤对阴离子的非专性吸附。被吸附的阴离子，可被其他的阴离子所代换，属交换性的阴离子。

2. 影响阴离子非专性吸附的因素

（1）阴离子的种类

一般阴离子的价数越多，吸附力越强；在同价阴离子中，水化半径小的离子吸附力强。

$$F^- > 草酸根 > 柠檬酸根 > H_2PO_4^- > HCO_3^- > H_2BO_3^- > CH_3COO^-$$
$$> SO_4^{2-} > Cl^- > NO_3^-$$

（2）带正电荷土壤胶体的种类

一般来讲，带正电荷的土壤胶体主要是 Fe、Al、Mn 的氧化物，所以含 Fe、Al、Mn 的氧化物高的强酸性土壤容易产生阴离子的非专性吸附。

（3）pH

pH 愈低，可变电荷为正，吸附的阴离子愈多。

第四节　影响土壤供肥性的化学条件

影响土壤供肥性的因素有很多，本节着重介绍影响土壤供肥性的一些化学条件。

土壤是植物的营养基地。土壤组成物质的各种化学变化及由此产生的各种性质，都直接影响到植物的根部营养和根系的生命活动。其中，土壤溶液的组成和浓度、酸碱度和氧化还原反应与土壤营养的关系更为密切，研究和了解这些环境条件的变化及性质，对于了解土壤养分的供应状况及对作物生长发育的影响有重要意义。

一、土壤溶液组成和浓度

土壤溶液是指土壤的液相部分,含有各种无机、有机可溶物质和悬浮胶粒。土壤溶液是土壤中最活跃的组成部分,它直接参与土壤的形成过程,对土壤的理化性质、物质交换及植物营养等方面起着重要作用。

(一)土壤溶液的组成

土壤溶液中的物质形态多种多样,其中有些是作物的营养物质,也有一些是有害物质。土壤溶液中的无机物主要有钙、镁、钾、钠、铵等各种盐类。有机物主要有可溶性蛋白质、可溶性糖类、氨基酸、腐殖酸和它们的盐类。胶体物质(一般质量分数不多)主要是硅酸、铁、铝的氢氧化物和一些有机化合物,只占溶液残留物的 1/20~1/4。

(二)土壤溶液的浓度

土壤溶液是非常稀薄的不饱和溶液,其浓度随土壤类型、土体深度、水、气、热状况及外界施肥耕作等管理措施的不同而不断变化。一般正常土壤中总浓度为 $200\sim1000\text{mg}\cdot\text{kg}^{-1}$,即很少超过 0.1%,相应的渗透压也小于一个大气压,可保证植物对水分和养分的正常吸收。但在盐碱土中或在施肥量过大的地方,土壤溶液渗透压加大,对作物吸收水分和养分造成困难。

(三)土壤溶液组成、浓度与养分的有效性

土壤溶液的组成和浓度与土壤养分的有效性密切相关。在一定低浓度范围内,土壤养分离子的有效性,随溶液浓度的增高而加大;在浓度较高时,随浓度增高而减少。土壤溶液的组成不同,也会影响有关离子的有效性。如铁、铝等物质质量分数过高时,会使磷固定,降低其有效性。

二、土壤酸碱反应

见第五节。

三、土壤缓冲性能

见第五节。

四、土壤氧化还原性

见第六节。

第五节 土壤酸碱性与氧化还原性

土壤酸碱性与氧化还原性是两项重要的化学性质。它们是土壤溶液（是土壤的血液，溶解与输送各种各样的盐类和养分供给作物）的性质，又与土壤固相和气相密切相关。

一、土壤酸碱性

土壤酸碱性是指土壤溶液的反应，它表征土壤溶液中 H^+ 浓度和 OH^- 浓度比例。土壤酸碱性是土壤形成过程和熟化过程的良好指标，对土壤肥力有多方面的影响，而高等植物和土壤微生物对土壤酸碱度也有一定的要求。

（一）土壤酸性

1. 土壤酸度的形成

土壤酸性的成因主要包括气候因素、生物因素、施肥和灌溉的影响。

土壤中酸性主要来源于以下几个方面：

（1）胶体上吸附的 H^+ 或 Al^{3+}。

（2）水和碳酸的解离

$$H_2O \rightleftharpoons H^+ + OH^-$$

虽然水的解度和很小，但是由于 H^+ 能被土壤胶体吸附，从而使整个化学平衡受到破坏，促进水进一步解离产生新的 H^+。

$$H_2CO_3 \rightleftharpoons H^+ + HCO_3^-$$

土壤中的 H_2CO_3 是由 CO_2 溶于 H_2O 而形成，而 CO_2 是由根系、微生物的呼吸作用和有机物分解产生的，所以根际活性酸度要大一些。

（3）有机酸的解离

土壤中的有机质分解过程中会有大量的中间产物——有机酸的生成，这些有机酸能解出 H^+：

$$R—COOH \rightleftharpoons H^+ + RCOO^-$$

（4）酸雨

$pH<5.6$ 的大气酸性化学物质主要以两种方式降落到地面。

干沉降：通过气体扩散，将固体大气酸性物质沉降到地面→干沉降；

湿沉降：随着降雨，夹带大气酸性物质到达地面→湿沉降，习惯上也称酸雨。

随着工业的发展，向大气中排放 SO_2 和 NO_2 等酸性气体的迅速增加，大大加剧了酸雨的危害。

（5）施肥

往土壤中施用 NH_4Cl、KCl、$(NH_4)_2SO_4$、K_2SO_4 等生理酸性肥料，由于 NH_4^+、K^+ 被作物吸收，而酸根离子留在土壤中使土壤酸性增加。

另外，施用像过磷酸钙等酸性肥料也会使土壤酸性增加。

（6）土壤中铝的活化

随土壤对 H^+ 的吸附，盐基饱和度下降，H^+ 的饱和度上升，当土壤胶体或铝硅酸盐矿物表面吸附的 H^+ 达到一定程度时，胶粒的晶层结构会受到破坏，部分铝氧八面体被解离，使 Al^{3+} 脱离八面体的束缚而成为活性 Al^{3+}。

$$Al^{3+} + H_2O \rightleftharpoons Al(OH)^{2+} + H^+$$

$$Al(OH)^{2+} + H_2O \rightleftharpoons Al(OH)_2^+ + H^+$$

$$Al(OH)_2^+ + H_2O \rightleftharpoons Al(OH)_3 + H^+$$

总体上讲，土壤酸度主要是取决于土壤胶体上吸附的 H^+、Al^{3+}。

2. 土壤酸度的类型

土壤酸按照 H^+ 是存在于土壤溶液还是吸附在土壤胶体上，可以分为活性酸和潜在酸。

（1）活性酸——土壤酸度的强度指标

活性酸是指与土壤固相处于平衡状态的土壤溶液中的 H^+ 所表现出的酸度，土壤溶液中 H^+ 浓度越大，活性酸度越大。活性酸度常用 pH 表示，这是 H^+ 浓度的负对数，$pH = -\log[H^+]$。

我国土壤大多数 pH 值在 4.5~8.5 之间，在地理分布上有"东南酸而西北碱"的规律性，即由北向南，pH 值逐渐降低。

（2）潜在酸——土壤酸度的容量指标

潜在酸是指土壤胶体上吸附的致酸离子 H^+、Al^{3+} 所引起的酸度。H^+、Al^{3+} 处在吸附态时不会表现出酸度，只有被交换转移到土壤溶液中，形成溶液中的 H^+，才会表现出酸性，所以称为潜在酸。

吸附态的 Al^{3+} 转移到土壤溶液中，通过水解产生 H^+ 而表现出酸度。

土壤潜在酸度一般用 1kg 烘干土中 H^+ 的 cmol 数表示（cmol/kg）。土壤潜在酸度根据测定时所用浸提剂的不同可以分为交换性酸度和水解性酸度。

a. 交换性酸

用过量的中性盐溶液（1mol/L KCl、$NaCl$、$BaCl_2$）与土壤作用，将

土壤胶体表面的大部分 H^+、Al^{3+} 交换出，然后再用标准碱滴定溶液中的 H^+，根据标准碱的用量和浓度，计算出 1kg 土壤中所含 H^+ 的厘摩尔数。

$$\boxed{土壤胶体}\ H^+ + KCl \rightleftharpoons \boxed{土壤胶体}\ K^+ + HCl$$

$$\boxed{土壤胶体}\ Al^{3+} + 3KCl \rightleftharpoons \boxed{土壤胶体}\ 3K^+ + AlCl_3$$

$$AlCl_3 + 3H_2O \rightleftharpoons Al(OH)_3 + 3HCl$$

另外需要强调指出，由于上述阳离子交换反应是可逆反应，对土壤胶体上吸附的 H^+ 和 Al^{3+} 的交换不可能完全，所以交换性的酸度只是潜在酸度的大部分，而不是全部，而且测定结果实际上还包括活性酸度在内。

b. 水解性酸度

用弱酸强碱盐（1mol/L CH_3COONa）浸提土壤：醋酸钠水解生成醋酸和 NaOH，形成的 NaOH 解离出的 Na^+ 与土壤胶体上的 H^+、Al^{3+} 交换，用标准碱滴定生成的 CH_3COOH，根据标准碱的用量、浓度计算出 1kg 土壤中所含 H^+ 的厘摩尔数。

$$CH_3COONa + H_2O \rightleftharpoons CH_3COOH + NaOH$$

$$\boxed{土壤胶体}\ H^+ + NaOH \longrightarrow \boxed{土壤胶体}\ Na^+ + H_2O$$

$$\boxed{土壤胶体}\ Al^{3+} + 3NaOH \longrightarrow \boxed{土壤胶体}\ 3Na^+ + Al(OH)_3 \downarrow$$

由于上述阳离子交换反应的产物是 H_2O（不易解离）和 $Al(OH)_3$（在中性、碱性条件下沉淀），所以阳离子交换反应的方向一直向右进行到 H^+、Al^{3+} 全部交换下来为止，交换完全。但是也有例外，比如含高岭石比较高的土壤中，水解性酸度就可能比交换性酸度小，因为 CH_3COO^- 能把高岭石表面的 OH^- 交换出来而中和了酸性，另外土壤胶体也可能把整个 CH_3COOH 分子吸附，从而降低了浸提液的酸度。

总体上讲，交换性酸度和水解性酸度就其实质都是反映潜在酸度的高低，只是测定方法不同而已，而且测定结果都包括活性酸度在内，一般而言水解性酸度比交换性酸度大。活性酸和潜在酸的总和，称为土壤总酸度。由于其通常是用滴定法测定的，故又称之为土壤的滴定酸度。

（二）土壤碱性

1. 土壤碱度的形成

碱性土壤中的碱性物质主要是 Ca、Mg、Na 的碳酸盐或重碳酸盐以及土壤胶体表面吸附的交换性 Na，土壤碱性反应的产生是由于这些碱性物质的水解。

(1) 碳酸钙的水解

在石灰性土壤和交换性 Ca 占优势的土壤中，$CaCO_3$——土壤空气中的 CO_2 分压——土壤水处在同一平衡体系中，$CaCO_3$ 水解能产生 OH^-。

$$CaCO_3 + H_2O \rightleftharpoons Ca^{2+} + HCO_3^- + OH^-$$

HCO_3^- 与土壤空气中的 CO_2 同样存在平衡体系：

$$CO_2 + H_2O \rightleftharpoons HCO_3^- + H^+$$

所以石灰性土壤的 pH 主要受土壤空气中 CO_2 分压的控制。

石灰性土壤的 pH 值，因 CO_2 的偏压大小而变，所以在测定石灰性土壤 pH 值时，应在固定的 CO_2 偏压下进行，并必须注意在充分达到平衡后测读。

土壤空气中 CO_2 含量不会低于大气 CO_2 的含量，也很少高于 10%，因此石灰性土壤的 pH 总是在 6.8～8.5 之间，故农业施用石灰来中和土壤酸度是比较安全的，不会使土壤过碱。

(2) Na_2CO_3 的水解

同样能释放出 OH^-，使土壤呈强碱性反应。

$$Na_2CO_3 + 2H_2O \rightleftharpoons 2Na^+ + 2OH^- + H_2CO_3$$

(3) 交换性 Na 的水解

当土壤胶体上吸附的 Na^+ 饱和度增加到一定程度时，交换性钠的水解会使土壤呈强碱性反应：

$$\boxed{土壤胶体}\, xNa^+ + yH_2O \rightleftharpoons \boxed{土壤胶体}\begin{matrix}yH^+ \\ (x-y)\,Na^+\end{matrix} + yNaOH$$

交换性钠水解的结果产生了强碱性的 NaOH，使土壤呈强碱反应，但是由于土壤中不断产生大量的 CO_2，所以交换性钠水解产生的 NaOH 实际上是以 Na_2CO_3 和 $NaHCO_3$ 的形成存在。

$$NaOH + H_2CO_3 \rightleftharpoons Na_2CO_3 + H_2O$$

$$NaOH + CO_2 \rightleftharpoons NaHCO_3$$

2. 土壤碱度指标

土壤碱性反应除了可用 pH 值表示外，还可用总碱度和碱化度来衡量。

(1) 总碱度（碱度）

总碱度是指土壤溶液或灌溉水中 CO_3^{2-}、HCO_3^- 的总量。

其中 $CaCO_3$、$MgCO_3$ 的溶解度小，它们的 pH 值不可能很高，最高在 8.5 左右，这种由石灰物质引起的弱碱性反应（pH 在 7.5～8.5）称为石灰性反应，这种土壤称为石灰性土壤。

而 Na_2CO_3、$NaHCO_3$、$Ca(HCO_3)$ 等水溶性盐溶解度大，可以大量出现在土壤溶液中，使土壤总碱度很高。

(2) 碱化度（钠碱化度，ESP）

土壤的碱化度是用 Na^+ 的饱和度来表示，是指土壤胶体上吸附的交换性 Na^+ 占阳离子交换量的百分率。

$$碱化度 = \frac{交换性 Na^+ 的含量(cmol/kg)}{CEC(cmol/kg)} \times 100\%$$

当碱化度达到一定程度时，土壤的理化性质会发生一系列的变化：土壤呈极强的碱性反应，pH>8.5，甚至超过 10.0；土粒分散，湿时泥泞，不透气，不透水，干时硬结，耕性极差。土壤理化性质所发生的这一系列变化称为碱化作用。

碱化度是盐碱土分类、利用、改良的重要指标。

一般把碱化度>20%定为碱土，5%～20%定为碱化土（15%～20%→强碱化土，10%～15%→中度碱化土，5%～10%→轻度碱化土）。

二、土壤酸碱反应的影响因素

(1) 气候（盐基饱和度）——高温多雨：较酸；干旱：较碱。

(2) 生物、植被（呼吸产生 CO_2，硝化菌产生硝酸、硫化菌产生硫酸），针叶树的灰分组分中盐基成分少，故其下的土壤酸性较强。

(3) 地形：高坡淋溶强，较酸。

(4) 母质：酸性母岩形成的土壤较酸。

(5) 土壤空气中 CO_2 的分压：

($2pH = K + pCa + pCO_2$) $K = p$（碳酸的解离常数/碳酸钙的溶度积）

(6) 施肥（$[NH_4]_2SO_4$、KCl、NH_4Cl 酸性和生理酸性肥料，CaO、$CaCO_3$、草木灰等碱性肥料）。

(7) 灌溉（氧化还原条件）。

酸性土壤淹水后，pH 升高：

$$Fe(OH)_3 + 3H^+ \longrightarrow Fe^{3+} + 3H_2O$$

$$NH_3 + H^+ \longrightarrow NH_4^+$$

碱性土壤淹水后，pH 降低：碱和碱性盐被溶解淋失。

(8) 土壤含水量。

土壤 pH 一般随土壤含水量增加有升高的趋势（可能是由于粘粒浓度

降低，致使吸附性氢离子与电极表面接触的机会减少有关；也可能因电解质稀释后，阳离子更多地解离进入溶液，使溶液 pH 升高）。测定土壤 pH 时应标明土水比（1∶1 或 1∶2.5）。

三、土壤酸碱反应对土壤养分和作物生长的影响

（一）土壤酸碱反应对土壤养分的影响

土壤 pH=6.5 左右时，各种营养元素的有效度都较高，并适宜多数作物的生长。

pH 在微酸性、中性、碱性土壤中，氮、硫、钾的有效度高。

pH 为 6~7 的土壤中，磷的有效度最高。pH<5 时，因土壤中的活性铁、铝增加，易形成磷酸铁、铝沉淀；而在 pH>7 时，则易产生磷酸钙沉淀，磷的有效性降低。

在强酸和强碱土壤中，有效性钙和镁的含量低，在 pH 为 6.5~8.5 的土壤中，有效度较高。

铁、锰、铜、锌等微量元素有效度，在酸性和强酸性土壤中高；在 pH>7 的土壤中，活性铁、锰、铜、锌离子明显下降，并常常出现铁、锰离子的供应不足。

在强酸性土壤中，钼的有效度低。pH>6 时，其有效度增加。硼的有效度与 pH 关系较复杂，在强酸性土壤和 pH7.0~8.5 的石灰性土壤中，有效度均较低，在 pH 为 6.0~7.0 和在 pH>8.5 的碱性土壤中，有效度较高。

（二）土壤酸碱反应对作物生长的影响

对大多数作物来说，pH 为 6.0~7.5 为宜。但也有例外，有些作物能在较酸和较碱的土壤中生长。

有些作物只能在某一特定酸碱范围内生长，因为可以为土壤酸碱性起指示作用，被称为指示作物。

酸性指示植物：铁芒箕、映山红、松树和茶等；

碱性指示植物：芨芨草、碱灰菜和碱蓬等；

石灰性指示植物：苍耳、甘草和柏木等。

四、土壤酸碱性的调节

1. 土壤酸性的调节

酸性土壤通常通过施用石灰，人为地调节土壤酸度。酸性土改良中常用水解性酸度的数值作为计算石灰施用量的依据。

石灰需要量＝土壤体积×容重×阳离子交换量（1－盐基饱和度）

×56/2（用生石灰中和）

施用石灰的量和方法应根据植物的生物学特性和土壤性质以及石灰的种类而定。

(1) 植物的生物学特性

不耐酸的作物要多施；耐酸的作物要少施。

(2) 土壤性质

质地粘、有机质多的土壤，缓冲力强，应多施；砂性强、有机质少的土壤，应酌量少施用。

(3) 石灰种类

石灰石粉（$CaCO_3$），含钙（CaO）约55%，溶解度小，中和土壤酸度的能力缓和而持久；生石灰（烧石灰），由石灰石或白云石煅烧而成，含钙47%～95%，白色粉末，强碱性，中和土壤酸度能力强；熟石灰（消石灰），由生石灰加水而成，含钙70%左右，碱性，中和力介于上述两者之间。

例6-1 某红壤的pH为5.0，耕层土壤为2250000千克/公顷，土壤含水量为20%，阳离子交换量为10cmol/kg土，盐基饱和度为60%，试计算达到pH=7时，中和活性酸和潜性酸的石灰需要量（理论值）。

解 中和活性酸pH=5时，土壤溶液中$[H^+]=10^{-5}$mol/kg土，则每公顷耕层土壤含H^+离子为

$$2250000 \times 20\% \times 10^{-5} = 4.5 \text{mol} H^+/公顷$$

同理，pH=7时，每公顷土壤中含H^+离子为

$$2250000 \times 20\% \times 10^{-7} = 0.045 \text{mol} H^+/公顷$$

所以需要中和活性酸量为

$$4.5 - 0.045 = 4.455 \text{mol } H^+/公顷$$

若以CaO中和，其需要量为

$$4.455 \times 56/2 = 124.74 \text{克}$$

中和潜性酸：

$$2250000 \times (10/100) \times (1-60/100) = 90000 \text{mol } H^+/公顷$$

$$90000 \times 56/2 = 2520000 \text{克} = 2520 \text{千克}/公顷$$

2. 土壤碱性的调节

一般采用施石膏、磷石膏、明矾、硫酸铁等。

$$\boxed{土壤胶体}{}^{Na}_{Na}+CaS \rightleftharpoons \boxed{土壤胶体}Ca+Na_2SO_4$$

$$Na_2CO_3+CaSO_4 \rightleftharpoons CaCO_3+Na_2SO_4$$

建立排灌系统，加强排水，淋洗土壤盐碱成分，配合种植绿肥，增加有机质，改良土壤结构。

五、土壤的缓冲性

（一）土壤缓冲性的定义与指标

1. 定义

土壤缓冲性指土壤具有抵抗和缓和酸碱度变化的能力。

2. 指标

使土壤溶液的pH值改变一个单位所需要加入的酸量或碱量称为缓冲容量。缓冲容量愈大，即pH值愈不易变化，缓冲能力愈强。

（二）土壤具有缓冲作用的原理

1. 土壤胶体上吸附的交换性阳离子

这是土壤具有缓冲作用的主要原因。

土壤胶体上的盐基离子，能抵抗酸度的变化：

$$\boxed{土壤胶体}M+HCl \rightleftharpoons \boxed{土壤胶体}H^++MCl$$

土壤胶体上吸附的致酸离子H^+、Al^{3+}，能抵抗碱度的变化：

$$\boxed{土壤胶体}H^++NaOH \longrightarrow \boxed{土壤胶体}Na^++H_2O$$

$$\boxed{土壤胶体}Al^{3+}+3NaOH \longrightarrow \boxed{土壤胶体}3Na^++Al(OH_3)\downarrow$$

所以土壤缓冲能力的大小首先与土壤CEC大小有关：CEC大，缓冲能力高，即粘质土壤以及含OM高的土壤，其缓冲性能比砂质土壤和OM含量低的土壤大。

如果两种土壤的CEC相同，盐基饱和度大的土壤对酸的缓冲能力大；盐基饱和度小的土壤对碱的缓冲能力大。

2. 土壤中弱酸及其盐类的存在

土壤中含有H_2CO_3、H_3PO_4、腐殖酸等弱酸及其盐类，能组成良好的缓冲体系，对酸碱具有缓冲作用，比如H_2CO_3及其钠盐的存在能组成缓冲体系。

加入酸性物质：HCl

$$Na_2CO_3+HCl \longrightarrow NaCl+H_2CO_3$$

加入碱性物质：Ca(OH)$_2$

$$H_2CO_3 + Ca(OH)_2 \longrightarrow CaCO_3 + 2H_2O$$

3. 土壤中两性物质的存在

比如蛋白质，氨基酸。

$$\underset{NH_2}{R-CH-COOH} + HCl \rightleftharpoons \underset{NH_3Cl}{R-CH-COOH}$$

氨基酸氯化铵盐

$$\underset{NH_2}{R-CH-COOH} + NaOH \rightleftharpoons \underset{NH_2}{R-CH-COOH}$$

氨基酸钠盐

第六节 土壤氧化还原性

与酸碱反应一样，土壤的氧化还原反应也是发生在土壤溶液中的一项重要性质。土壤的氧化还原性对养分在土壤剖面中的移动和分异，养分的生物有效性，污染物质的缓冲性能等方面都有深刻的影响，例如水稻土因干湿交替频繁，土壤的氧化还原反应显得特别活跃。

一、土壤的氧化还原体系

土壤的氧化还原体系可分为无机体系和有机体系，比较重要的氧化还原体系，主要有以下一些方面。

氧体系：$O_2 \rightleftharpoons 2O^{2-}$　　　锰体系：$Mn^{4+} \rightleftharpoons Mn^{2+}$

铁体系：$Fe^{3+} \rightleftharpoons Fe^{2+}$　　　硫体系：$SO_4^{2-} \rightleftharpoons S^{2-}$

氮体系：$NO_3^- \rightleftharpoons NO_2^-$　　　氢体系：$2H^+ \rightleftharpoons H_2$

　　　　$NO_2^- \rightleftharpoons N_2O$、$N_2$　　有机碳体系：$CO_2 \rightleftharpoons CH_4$

　　　　$NO_2^- \rightleftharpoons NH_4^+$

土壤氧化还原体系的特点：

(1) 土壤中氧化还原体系有无机体系和有机体系两类；

(2) 土壤中氧化还原反应虽有纯化学反应，但很大程度上是由生物参与的；

（3）土壤是一个不均匀的多相体系，即使同一田块、不同点位都有一定的变异，测 Eh 时，要选择代表性土样，最好多点测定求平均值；

（4）土壤中氧化还原平衡经常变动，不同时间、空间，不同耕作管理措施等都会改变 Eh 值。严格地说，土壤氧化还原永远不可能达到真正的平衡。土壤中氧化态物质和还原态物质并存，但是由于土壤所处的条件不同，土壤溶液中氧化态物质与还原态物质的相对浓度不同，直接测定这些物质的绝对数量很困难，一般是通过测定这些物质的氧化还原电位（Eh）来判断土壤的氧化还原状况。

二、土壤的氧化还原电位

土壤溶液中氧化态物质与还原态物质的相对比例决定着土壤的氧化还原状况。当土壤中某一氧化态物质向还原态物质转化时，土壤溶液中这种氧化态物质的浓度减少而相对应的还原态物质的浓度会增加，随着氧化态物质和还原态物质浓度的相对改变，溶液的电位也随之改变。这种由土壤溶液中氧化态物质和还原态物质的浓度变化而产生的电位称为氧化还原电位，用 Eh 表示，单位：伏或毫伏。

$$氧化态 + ne \rightleftharpoons 还原态$$

$$Eh = Eo + \frac{0.059}{n} \log \frac{[氧化态]}{[还原态]}$$

式中，Eo 为标准氧化还原电位，即体系中氧化剂浓度和还原剂浓度相等时的电位；n 为反应中的电子转移数。

土壤 Eh 的大小取决于土壤中氧化态物质和还原态物质的性质与浓度，而氧化态物质和还原态物质的浓度直接受土壤通气性强弱的控制，所以氧化还原电位的高低是土壤通气性好坏的标志。

旱地土壤的 Eh 多在 400~700mv 之间，少数情况下也可低至 200mv，如果大于 750mv，表明土壤完全处于好气状态，可能会导致有机物好气分解过旺，有机物消耗过快，有些养分会因为高度氧化而形成高价化合物从而丧失有效性，应该适当灌水以降低氧的分压。如果土壤 Eh 低于 200mv，则表明土壤水分过多，通气不良，OM 分解减慢，减少养分供应，同时 OM 嫌气分解产生的大量有机酸，会抑制根系的呼吸作用。

水田土壤 Eh 变动幅度比较大，在排水种植旱作期间，可高达 500mv 以上，淹水期间可低至 -150mv 以下，一般来讲水稻适宜在 200~400mv 的轻度还原状况下生长；如果土壤经常处于 180mv 以下或低于 100mv，土壤溶液中 Fe^{2+}、Mn^{2+} 浓度会迅速提高，使水稻 Fe、Mn 中毒，分蘖停止，发育受阻；如果 Eh 降到负值，水田中会有 H_2S、丁酸的累积，会抑制根系的呼吸作用，减少养分的吸收。

三、土壤氧化还原的影响因素

（1）微生物的活动。

（2）易分解有机质的含量。

有机质的分解主要是耗氧的过程，在一定的通气条件下，土壤中易分解的有机质愈多，耗氧也愈多，其氧化还原电位就较低。

（3）土壤中易氧化和还原的无机物的含量。

如土壤的氧化体和硝酸盐含量高时，可使 Eh 值下降得较慢。

（4）植物根系的代谢作用。

（5）土壤的 pH 值。

$$\mathrm{Eh}=\mathrm{Eo}+\frac{0.059}{n}\log\frac{（氧化态）}{（还原态）}-0.059\frac{m}{n}\mathrm{pH}$$

式中，m 是参与反应的质子数，Eh 随 pH 增加而降低。因此，同一氧化还原反应，在碱性溶液中比在酸性溶液中容易进行。

第七章 土壤形成与分布

土壤是成土母质在一定的水热条件和生物的作用下,经过一系列的物理、化学和生物化学的作用而形成的。土壤既有自身的发生和发展规律,也有其在分布上的地理规律。

第一节 土壤形成

一、土壤形成因素

土壤形成因素又称成土因素,是影响土壤形成和发育的基本因素。土壤发生学说(soil genesis theory)认为土壤是在各种自然和人为因素的影响下由岩石风化成母质,再由母质演化成土壤的。

(一)自然成土因素及其作用

19 世纪末,俄国土壤学家 B.B. 道库恰耶夫(Dokuchaev,1846—1903)通过对俄罗斯大草原土壤的调查,提出土壤的五大成土因素,即母质、气候、生物、地形、时间。

1. 母质

母质是形成土壤的物质基础,也是植物营养元素的最初来源。

母质在土壤形成过程中的作用:

(1)母质的矿物组成、理化性状直接影响着成土过程的速度、性质和方向。

比如在含石英较高的花岗岩风化产物中,石英抗风化能力强,石英颗粒仍保存在土壤中,而且盐基(K、Na、Ca、Mg)较少,在强淋溶下,极易淋失,土壤呈酸性反应;而玄武岩、辉绿岩等风化物因为不含石英,盐基丰富,抗淋溶作用较强。

(2)母质对土壤理化性质有较大影响。

不同母质发育的土壤,其养分状况有所不同。比如钾长岩发育的土壤含钾较多;斜长岩风化后形成的土壤含 Ca 较多;辉石、角闪石发育的土壤含 Fe、Mg、Ca 等元素较多。

成土母质对土壤质地影响也很大。比如红色风化壳、玄武岩发育的土壤质地粘重；花岗岩、砂页岩发育的土壤质地居中；砂岩、片岩发育的土壤较轻。

一般地说，成土过程进行的愈久，母质与土壤的性质差别就愈大。但母质的某些性质却仍会顽强地保留在土壤中。

2. 气候

气候主要通过湿度和温度对土壤形成产生影响。

（1）直接参与母质的风化

水热状况直接影响到矿物质的分解与合成以及物质的累积和淋失。

（2）控制植物的生长和微生物的活动

影响有机质的累积、分解，决定养分物质循环的速度。

3. 生物

生物是土壤形成过程中最主要、最活跃的因素。土壤形成的生物因素包括植物、动物和微生物。

（1）植物

能累积和集中养分，使养分集中在表层，对肥力的发展意义重大；根系的穿插对土壤结构的形成有重要作用；根系分泌物能引起一系列的生物化学作用和物理化学作用。

（2）动物

从微小的原生动物到高等脊椎动物，其在土壤中都有独特的生活方式，它们参与了一些有机残体的分解破碎作用以及搬运、疏松土壤和母质的作用；某些动物可促进土壤良好结构的形成；有的脊椎动物能够翻动土壤，改变土壤的剖面层次；动物残体、粪便可作为有机质的来源。

（3）微生物

土壤中的微生物种类多、数量大。在土壤形成中，一方面能促进OM分解；另一方面又合成腐殖质，其后再进行分解，这样就形成了土壤物质的循环。

另外，固氮菌能固定空气中的氮素，有的细菌能促进矿物的分解、增加养分的有效性。

4. 地形

地形通过影响其他成土因素（母质、气候、生物）来间接影响土壤形成。重要包括：影响到母质的重新分配；影响地表热量和水分的重新分配；影响生物带的分布。例如，山脉的走向、海拔高度造成了不同的生物气候带，而使土壤相应地呈现水平地带性分布规律和垂直分布规律。

5. 时间

母质、气候、生物和地形等因素对土壤形成的作用程度和强度都随时间的延长而加深。土壤年龄是指土壤发生发育时间的长短，通常把土壤年龄分为绝对年龄和相对年龄。

（1）绝对年龄

绝对年龄是指该土壤在当地新鲜风化层或新母质上开始发育时算起迄今所经历的时间，通常用年表示。

（2）相对年龄

相对年龄则是指土壤的发育阶段或土壤的发育程度。一般用土壤剖面分异程度加以确定。

一般，土壤相对年龄长，则绝对年龄也长；但绝对年龄长，有些相对年龄反而短。

（二）人为因素

人类活动在土壤形成过程中具有独特的作用，具体如下：

（1）人类活动对土壤的影响是有意识、有目的、定向的。农业生产实践中，人们在逐渐认识土壤发生发展客观规律的基础上，利用和改造土壤、培肥土壤，其影响可以是较快的；

（2）人类活动是社会性的，它受社会制度和社会生产力的影响，在不同的社会制度和生产力水平下，人类活动对土壤的影响及其效果有很大的差别；

（3）人类对土壤的影响也具有两重性，利用合理则有助于土壤肥力的提高；利用不当会破坏土壤，如我国不同地区的土壤退化主要是由于人类不合理地利用土壤引起的；

（4）人类活动的影响可通过改变各自然因素而起作用，并可分为有利和有害两个方面。

二、土壤形成过程

（一）原始成土过程

是指从岩石露出地面有微生物着生开始到植物定居之前形成的土壤过程。它是土壤形成作用的起始点。

（二）有机质积聚过程

是指在各种植被下，有机质在土体上部积累并形成暗色腐殖质层的过程。

（三）粘化过程

是指土体中粘土矿物的生成和聚集过程。可分为残积粘化过程和淋溶淀积粘化过程。粘化过程结果在土体心土层形成粘化层，主要发生层次深度在50～60cm，因为这一深度水热条件比较稳定，适合于次生粘土矿物的产生。

（四）钙化过程

是指干旱、半干旱区土壤钙的碳酸盐发生淋溶、淀积的过程。结果形成钙积层，其特征：呈假菌丝体、核状、斑点状，若出现层次浅、厚度大，称为生产上障碍层次。

（五）盐化、脱盐过程

盐化过程是指土体中各种易溶性盐类在土壤表层积聚的过程。发生在滨海区、干旱区、半干旱区，形成具盐化层的盐渍土。

脱盐化过程是指盐渍土中可溶性盐在降水、人为因素等作用下降低或排出土体或迁移到下层的过程。

（六）碱化、脱碱化过程

碱化过程是指土壤胶体上吸持较多交换性钠，使土壤呈碱性反应，并引起土壤物理性质恶化的过程。结果在土壤底层形成具碱化层的碱化土，pH值大于9.0。

脱碱化过程是指通过淋洗和化学改良，从土壤吸收性复合体上除去钠离子的过程。

盐化与碱化相伴随进行。先盐化，发生脱盐化过程，产生交换性钠解吸，从而产生碱化，即碱化土是盐化、脱盐化相互交替的结果。

（七）白浆化过程

是指土体中出现还原性高铁、高锰作用而使某一土层漂白的过程。

（八）灰化过程

是指土体表层Al_2O_3、Fe_2O_3及腐殖质淋溶淀积而SiO_2残留的过程。

（九）潴育化过程

是指土壤形成中氧化还原交替进行的过程。形成潴育层，特点：产生锈斑锈纹、铁锰结核，发生于地下水浸润土层、地下水升降频繁区。如华北平原潮土区。

（十）潜育化过程

是指土体中发生的还原过程，形成潜育层，此层次呈蓝灰色，又称灰蓝层。

（十一）富铝化过程

是指土体中脱硅富铁铝的过程，形成网纹层，又称富铁铝化过程。如红壤形成中具有此成土过程。

（十二）草甸化过程

是指土壤表层的草甸有机质的聚集过程和受地下水影响的下部土层的潴育化过程以及底层的潜育化过程的重叠过程。

（十三）熟化过程

是指在人为因素影响下，通过耕作、施肥、灌溉等措施，改造土壤的土体构型，减弱或消除土壤中存在的障碍因素，协调土体水、肥、气、热等，使土壤肥力向有利于作物生长方向发展的过程。简单地说，为人类定向培育土壤的过程，可分为旱耕熟化和水耕熟化。

某一土壤类型的形成经常由一个主要成土过程和几个辅助过程共同作用完成。

三、土壤剖面

土壤剖面（soil profile）是一个具体土壤的垂直断面，其深度一般达到基岩或达到地表沉积体的相当深度为止。

土壤发生层（soil genetic horizon）是指土壤形成过程中所形成的具有特定性质和组成的、大致与地面相平行的，并具有成土过程特性的层次。

土体构型（soil profile pattern）是各土壤发生层在垂直方向有规律的组合和有序的排列状况。

一般土壤剖面由最基本的三个发生层组成。

淋溶层（A层）eluvial horizon：处于土体最上部，故又称为表土层，它包括有机质的积聚层和物质的淋溶层；

淀积层（B层）illuvial horizon：它处于A层的下面，是由物质淀积作用造成的；

母质层（C层）parent material horizon：处于土体最下部，没有产生明显的成土作用的土层，其组成物就是前面所述的母质。

第二节　土壤分布

土壤在地球表面的分布规律包括：水平地带性分布规律、垂直地带性分布规律、区域性分布规律等。

一、土壤水平地带性分布规律

（一）纬度地带性分布规律

由于太阳辐射和热量在地表随纬度由南到北有规律的变化，从而导致气候、生物等成土因素以及土壤的性质、土壤类型也按纬度方向由南到北有规律的更替，称为土壤纬度地带性分布规律。如我国东部沿海区由北向南土壤呈现明显的纬度地带性分布，依次为黑土——暗棕壤——棕壤——黄棕壤——红壤——砖红壤。

（二）经度地带性分布规律

由于海陆位置的差异，以及山脉、地势的影响，造成温度和降雨量在空间分布上的差异，使水热条件在同一纬度带内从东往西，从沿海到内陆随经度方向发生有规律的变化，土壤性质和土壤类型从东往西，从沿海到内陆地也随经度方向有规律地更替，称为土壤的经度地带性分布规律。

二、土壤垂直地带性分布规律

在山地区，随海拔的升高，温度逐渐降低，这样使热量由山麓到山顶，自下而上呈现有规律的变化，使成土条件、土壤性质和土壤类型也呈现由山麓到山顶，自下而上有规律的变化，称为土壤的垂直地带性分布规律。

土壤的水平地带性分布规律和垂直地带性分布规律也称为土壤的显域性分布规律。

三、土壤的区域性分布

因为受要局部地形、母质、水文、地质、人类活动等因素的影响，土壤类型的分布在局部范围内产生差异，称为土壤的区域性分布或土壤隐域性分布。

第三节 我国土壤分类

一、土壤分类概述

（一）土壤分类含义

土壤分类是指根据土壤性质和特征，按照一定系统原则、指标体系对土壤进行科学的分门别类过程。

（二）科学土壤分类的目的、意义

科学的土壤分类的目的，在于阐明土壤在自然因素和人为因素影响下发生、发展的规律；指出各种土壤发育演变的主导成土过程和次要成土过程；揭示成土条件、成土过程和土壤属性之间的必然联系，从而拟订出土壤分类系统。因此，科学的土壤分类是正确认识土壤，合理利用多种土壤资源的重要环节，可为改造土壤，提高土壤肥力和农业生产水平提供科学依据。

（三）我国现行土壤分类的系统分类原则

1. 发生学原则

土壤是独立的历史自然体，土壤分类要综合分析成土条件、成土过程和土壤属性，以成土条件为前提，成土过程为基础，土壤属性为依据，其中土壤属性集中反映为不同土壤单元的诊断层次和诊断特征，以其作为土壤分类的依据，可以体现成土条件、成土过程和土壤属性的综合分析。

2. 统一性原则

土壤是统一的整体。耕作土壤是在自然土壤基础上，经过垦殖、耕作、改良、培肥而形成的，土壤分类应把耕作土壤与自然土壤纳入统一分类系统。

3. 规程化原则

为确保土壤普查同级成果及逐级成果间的可比性和可汇总性，土壤分类系统坚持规程化。

二、我国现行土壤分类系统

（一）土纲

土纲为最高级土壤分类级别，反映了土壤不同发育阶段中，土壤物质移动累积所引起的重大属性的差异，是土壤重大属性的差异和土类属性的共性的归纳和概括。

（二）亚纲

亚纲是在同一土纲中，根据土壤形成的水热条件和岩性及盐碱的重大差异来划分。

（三）土类

土类是高级分类的基本单元。它是在一定自然或人为条件下独特的成土过程及其相适应的土壤属性的一群土壤。

每一类土壤均要求：具有一定的特征土层或其组合；具有一定的生态条件和地理分布区域；具有一定的成土过程和物质迁移的地球化学规律；具有一定的理化属性和肥力特征及改良利用方向。

（四）亚类

亚类是土类范围内的进一步细分，反映主导成土过程以外其他附加的成土过程。

（五）土属

土属为中级分类单元。主要根据成土母质的成因、岩性及区域水分条件等地方性因素的差异进行划分。

（六）土种

土种是土壤基层分类的基本单元。它处于一定的景观部位，是具有相似土体构型的一群土壤。

同一土种要求：景观特征、地形部位、水热条件相同；母质类型相同；土体构型一致；生产性和生产潜力相似，而且具有一定的稳定性，在短期内不会改变。

（七）变种

是土种的辅助分类单元，根据土种范围内由于耕层或表层性状的差异进行划分，如根据表层耕性、质地、有机质质量分数和耕层厚度等进行划分。

第八章 植物营养与施肥原理

植物营养是施肥的理论基础，施肥的目的在于营养植物，如何合理、科学地施肥，提高肥料利用率，减轻对环境的压力，是农业持续稳定发展中人们最为关心的重要问题之一。了解植物营养特性，掌握植物、土壤、肥料之间的相互关系，从中找到合理的施肥技术，这将有利于指导施肥，获得优质高产。

第一节 植物必需营养元素

一、植物体的元素组成及含量

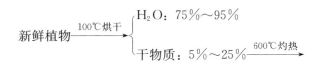

$$\begin{cases} C、H、O、N 变成气体挥发：95\%以上（干）\\ 灰分元素：1\%～5\%（干）\xrightarrow{化学分析} Ca、Mg、K、Si、P、S、Fe、Mn、Zn、\\ \qquad Cu、Mo、B、Cl、Na、Si、Al、Co、Ni、V、Se 等几十种元素。 \end{cases}$$

二、影响植物体内矿质元素种类和含量的因素

（一）遗传因素

例如，禾本科植物需 Si、淀粉植物块茎含 K 多、豆科植物含 N 较多等。同一植物的不同器官，元素组成和含量差异也很大，种子中含 N、P 较多，茎秆中含 Ca、Si、Cl、Na 较多。

（二）环境条件（生长环境）

例如，盐渍土上生长的植物含 Na 和 Cl 较多，沿海的植物含 I 较多，酸性红壤上的植物含 Al 和 Fe 较多。

所以植物体内含有的元素，并非都是植物的必需营养元素，有的元素可能是被植物偶然吸收进去而且还能在植物体内大量累积，而有的虽然在植物体内含量很少，却是植物生长发育必需的营养元素。

三、植物必需营养元素

（一）判断标准

1939 年，Arnon 和 Stout 提出判断高等植物必需营养元素的三条标准。

（1）这种元素对所有高等植物的生长发育是不可缺少的。如果缺少该元素，植物就不能完成其生活史——必要性。

（2）这种元素的功能不能由其他元素所代替。缺乏这种元素时，植物会表现出特有的症状，只有补充这种元素后症状才能减轻或消失——专一性。

（3）这种元素必须直接参与植物的代谢作用，对植物起直接的营养作用，而不是改善环境的间接作用——直接性。

（二）种类和含量

自从 1860 年德国的科学家 Sachs 用水培法培养植物成功从来，经过许多科学家的努力，到目前确定的必需营养元素共有 17 种：C、H、O、N、P、K、Ca、Mg、S、Fe、Mn、Zn、Cu、Mo、B、Cl、Ni。但随着分析技术和实验技术的改进，可能会发现其他的植物必需营养元素。

（三）分组和来源

按照必需营养元素在作物体内的含量可以把必需营养元素分为：大量元素与微量元素。

肥料三要素：作物对 N、P、K 的需要量大，而土壤中可供给的 N、P、K 的有效养分又比较低，通常需要施用肥料才能满足作物对 N、P、K 的需要，所以将 N、P、K 称为肥料三要素或植物营养三要素。

大量元素（0.1%以上）：C、H、O，天然营养元素非矿质元素（来自空气和水）；N、P、K，植物营养三要素或肥料三要素；Ca、Mg、S，中量元素。

微量元素（0.1%以下）：Fe、Mn、Zn、Cu、B、Mo、Cl、(Ni)。

（四）主要功能

（1）C、H、O、N、S

组成有机体的结构物质和生活物质；组成酶促反应的原子基团。

（2）P、B、(Si)

形成连接大分子的酯键；储存及转换能量。

(3) K、Mg、Ca、Mn、Cl

维护细胞内的有序性，如渗透调节、电性平衡等；活化酶类；稳定细胞壁和生物膜构型。

(4) Fe、Cu、Zn、Mo、Ni

组成酶辅基；组成电子转移系统。

(五) 必需营养元素间的相互关系——同等重要，不可代替

(1) 同等重要律——植物必需营养元素在植物体内的数量不论多少都是同等重要的。

生产上要求：平衡供给养分。

(2) 不可代替律——植物的每一种必需营养元素都有特殊的功能，不能被其他元素所代替。

生产上要求：全面供给养分。

有些营养元素在植物的新陈代谢过程中起着相似的作用，所以一种元素可以部分的、暂时的代替另一种元素，例如 B 能部分消除亚麻缺 Fe 的症状，Na 能部分地满足甜菜对 K 的需要。但是该必需营养元素在作物体内的某些特殊生理功能是不能被其他的营养元素所代替的。

四、植物的有益元素

某些元素适量存在时能促进植物的生长发育；或者是某些特定的植物、在某些特定条件下所必需的，这些类型的元素称为"有益元素"，也称"农学必需元素"。如硅对水稻是必需，钴对豆科作物是必需的，但不是所有高等植物必需的，所以都是有益元素。

第二节 植物对养分的吸收

一、根系对养分的吸收

根系是植物吸收养分的物质器官，也是地上部分生长良好的基础。植物通过根系吸收养分的现象称为根部营养。

(一) 根系吸收养分的部位

分生区和伸长区：养分吸收的主要区域。

根毛区：吸收养分的数量比其他区段更多（根毛的存在，使根系的外表面积增加到原来的 2～10 倍，增强了植物对养分和水分的吸收）。

(二) 根系吸收养分的形态

根系吸收养分的形态有三种。

1. 气态

CO_2、O_2、SO_2、水汽等，通过扩散进入植物体内或由叶片的气孔直接进入植物体内。

2. 离子态

(1) 阳离子：NH_4^+、K^+、Ca^{2+}、Mg^{2+}、Fe^{2+}、Mn^{2+}、Zn^{2+}、Cu^{2+}。

(2) 阴离子：NO_3^-、$H_2PO_4^-$、HPO_4^{2-}、SO_4^{2-}、$H_2BO_3^-$、$B_4O_7^{2-}$、MnO_4^{2-}、Cl^-。

3. 有机分子态

少量的水溶性有机分子能被植物直接吸收利用，比如尿素、氨基酸、糖类、磷脂、植素生长素、维生素、抗生素等，但大部分的有机态养分必须经过微生物分解转化为离子态养分才能被吸收利用。

其中，离子态养分是作物根系吸收养分的主要形态，下面主要介绍离子态养分的吸收。

(三) 根系吸收养分的过程

养分由土体向根表迁移——→养分进入根内自由空间，并在细胞膜外表面聚集——→养分跨膜进入原生质体——→养分通过短距离、长距离运输到地上部分。

(四) 土壤养分向根表迁移的途径

1. 截获

根系在土壤中伸展，能够从与它相接触的土壤颗粒的表面或土壤溶液中直接截取养分，这一过程称为截获 (实质是接触交换，参见图 8-1)。

根系靠截获得到养分数量的多少，主要取决于根系的数量以及根系与土壤的接触面积。截获得到的土壤养分数量很少，约占 1%，远小于植物的需要。

2. 质流

由于植物的蒸腾作用和根系吸水，造成根表土壤与土体之间出现明显的水势差，土体中的水分不断向根表移动，溶解在土壤水分中的养分随之流向根表。

影响因素：与蒸腾作用呈正相关，与离子在土壤溶液中的溶解度呈正相关。

迁移的离子主要有：氮 (硝态氮)、钙、镁、硫。

3. 扩散

由于植物根系不断吸收养分，使根表周围的土壤溶液浓度降低，根表土壤与土体之间形成养分浓度差，于是养分就顺着浓度梯度不断地由浓度高的土体向浓度低的根表土壤移动，这一过程称为扩散。

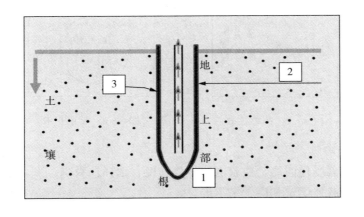

图 8-1　土壤养分向根表迁移的途径
1. 截获；2. 质流；3. 扩散

影响因素：土壤水分含量（土壤水分含量越高，扩散速率越大）；养分离子的扩散系数为 $NO^{3+}>K^+>H_2PO^{4-}$ 土壤质地；土壤温度。

迁移的离子主要有：氮、磷、钾。

扩散和质流是土壤养分向根表迁移的主要途径和方式。扩散是短距离养分迁移的主要方式，它的推动力是养分浓度差；而质流是长距离养分迁移的主要方式，它的推动力是蒸腾作用所引起的水势差。一般而言，截获：钙、镁（少部分）；质流：氮（硝态氮）、钙、镁、硫；扩散：氮、磷、钾。

（五）养分跨膜吸收

养分跨膜吸收分为被动吸收和主动吸收。

1. 被动吸收

特点：不需代谢能，顺电化学势梯度，无选择性。

吸收方式：简单扩散和杜南扩散。

（1）简单扩散：当某一种离子膜外的浓度大于膜内浓度时，离子可顺着浓度梯度，由膜外向膜内移动，直到膜内外两侧离子浓度达到平衡时，离子就不再移动，这就是简单扩散（参见图 8-2）。

（2）杜南扩散：植物的原生质膜是一层半透性膜，大分子的蛋白质不能自由移动，而原生质内存在大量的蛋白质，以带负电荷为主，这种负电荷可以引起阳离子的被动吸入（参见图 8-3）。

这种带负电荷的蛋白质越多，吸入的阳离子也越多。

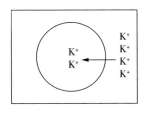
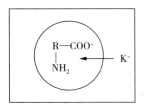

图 8-2 简单扩散　　　　图 8-3 杜南扩散

2. 主动吸收

特点：需要代谢能，逆着电化学势梯度，选择性吸收。

机理：载体学说和离子泵学说。

(1) 载体学说

载体学说认为，离子单独很难通过质膜，需要与质膜上的载体形成载体——离子复合体，这样载体携带离子通过质膜达到细胞内，在膜内重新释放出离子，而载体留在膜上继续运载离子。

载体学说被人们普通接受是因为它比较圆满地解评了三个方面的问题，①离子选择吸收的问题；②离子逆浓度梯度吸收（离子通过质膜并在膜上转移）；③离子吸收与代谢的关系。

(2) 离子泵假说

离子泵是位于植物细胞原生质膜上的 ATP 酶，它能逆电化学势将某种离子"泵入"细胞内，同时将另一种离子"泵出"细胞外。阳离子的吸收实质上是 H^+ 的反向运输；阴离子的吸收实质上是 OH^- 的反向运输。近年来，离子泵假说已逐步被证实。Kurdjian 和 Guern（1989）发现，在植物细胞原生质膜和液泡膜上均存在 ATP 酶驱动的 H^+ 泵（质子泵）。它们的主要功能是调节原生质体的 pH，从而驱动对阴阳离子的吸收。

目前发现的离子泵主要分为四种类型：H^+-ATP 酶；$Ca^{2+}-ATP$ 酶；H^+-焦磷酸酶；ABC 型离子泵。

3. 主动吸收与被动吸收的判别

是否逆电化学梯度；是否消耗代谢能量；是否有选择性。

4. 吸收养分的去向

(1) 在原细胞被同化，参与代谢或物质形成，或积累在液泡中成为贮存物质；

(2) 转移到根部相邻的细胞——短距离运输；

(3) 通过输导组织转移到地上部各器官——长距离运输；

(4) 随分泌物一道排回介质中。

（六）根系吸收养分向地上部运输

1. 短距离运输

短距离运输也称横向运输，是指介质中的养分沿根表皮、皮层、内皮层到达中柱（导管）的迁移过程。由于其迁移距离短，故称为短距离运输。

运输途径主要有质外体途径和共质体途径。

（1）质外体途径

运输部位：根尖的分生区和伸长区。

由于内皮层还未充分分化，凯氏带尚未形成，质外体可延续到木质部，即养分可直接通过质外体进入木质部导管。

运输方式：自由扩散、静电吸引。

运输的主要养分：Ca^{2+}、Mg^{2+}、Na^+等。

（2）共质体途径

运输部位：根毛区。

内皮层已充分分化，凯氏带已形成，养分进入共质体（细胞内）后，靠胞间连丝在相邻的细胞间进行运输，最后向中柱转运。

运输方式：扩散作用、原生质流动（环流）、水流带动。

运输的主要养分：NO_3^-、$H_2PO_4^-$、K^+、SO_4^{2-}、Cl^-。

2. 长距离运输

长距离运输也称纵向运输，是指养分沿木质部导管向上，或沿韧皮部筛管向上或向下移动的过程。由于养分迁移距离较长，故称为长距离运输。

运输途径主要有木质部和韧皮部。

（1）木质部运输

运输物质：水和无机养分。

动力：蒸腾作用——一般起主导作用；根压——当蒸腾作用微弱或停止时，起主导作用。

木质部汁液的移动是根压和蒸腾作用驱动的共同结果，但两种力量的强度并不相同。从力量上，蒸腾拉力远大于根压压力。从作用的时间上，蒸腾作用在一天内有阶段性，而根压具有连续性。

方向：单向。

根 ——→ 地上部（叶、果实、种子）

运输机理：

① 质流：指养分离子在木质部导管中随着蒸腾流向上运输的方式——主要。

②交换吸附：由于木质部导管壁上有很多带负电荷的阴离子基团，它们将导管汁液中的阳离子吸附在管壁上。所吸附的离子又可被其他阳离子交换下来，继续随汁液向上移动。

结果：降低了离子的运输速率，出现滞留作用（导管周围组织带负电荷的细胞壁也参与吸引滞留在导管中的阳离子的作用）。影响因素：离子种类、离子浓度、离子活度、竞争离子、导管壁电荷。

养分的再吸收：溶质在木质部导管运输过程中，部分离子可被导管周围的薄壁细胞吸收，从而减少了溶质到达茎叶数量的现象。结果使木质部汁液的离子浓度自下而上递减。影响因素：植物的生物学特性和离子性质。

养分的释放：木质部运输过程中，导管周围的薄壁细胞将吸收了的离子重新释放到导管中的现象。作用是维持木质部汁液中养分浓度的稳定性。

若木质部导管养分浓度高，则木质部薄壁细胞再吸收养分；若木质部导管养分浓度下降，则木质部薄壁细胞的养分释放。

（2）韧皮部运输

运输物质：有机养分，水和无机养分（向下）。

方向：双向。

根 ⟷ 地上部（叶、果实、种子）

机理：压力流动学说，质子——蔗糖共运学说。

压力流动学说：

光合作用形成的溶质（可溶性糖），积累在叶片细胞中，渗透势降低，木质部的水分就进入叶肉细胞，压力势加大。

根部不断将糖分用于合成新细胞，或将糖合成淀粉等不溶性糖，所以可溶性糖减少，吸水少，压力势也较小。

根据压力差原理，叶肉细胞的有机养分随水分沿筛管不断运输到根部等器官。

木质部与韧皮部通过转移细胞进行养分的交换，这对调节植物体内养分分配，满足各部分的营养需求起重要作用。

（3）木质部与韧皮部之间的养分转移

木质部与韧皮部之间通过转移细胞进行养分转换，对调节植物体内养分分配，满足各部分养分需求起重要作用。如禾本科植物的茎节是养分转移的主要部位。

（4）韧皮部中养分的移动性

植物在不同的生育时期对养分的数量和比例要求不同，环境中养分供应水平和程度也不同，因此植物体内的养分随生长中心的转移而使养分再分配和再利用。

养分从老组织到新组织的运输完全靠韧皮部运输，韧皮部中营养元素的移动性与再利用程度关系参见表8-1、图8-4。

表8-1　韧皮部中营养元素的移动性与再利用程度的关系

营养元素	移动性	再利用程度	缺素症首先出现部位
N、P、K、Mg	大	高	老叶
S、Fe、Mn、Zn、Cu、Mo	小	低	幼叶
Ca、B	难移动	很低	新叶顶端分生组织

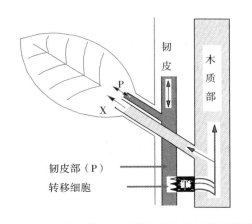

图8-4　木质部与韧皮部之间养分转移示意图

（七）根部对有机态养分的吸收

植物根系不仅能吸收无机养分，也能吸收有机态养分，这一点已经通过灭菌培养、示踪元素试验得到证明。比如：水稻的幼苗可吸收各种氨基酸和酰胺，包括甘氨酸、丙氨酸、组氨以、丝氨酸、天门冬酰胺；大麦可以吸收赖氨酸、玉米能吸收甘氨酸；大麦、小麦、菜豆能吸收磷酸己糖和磷酸甘油酸。

关于根部对有机态养分吸收的研究并不十分详细，并不是任何的有机物都能被根部吸收，根部对有机态养分的吸收主要有以下一些特点：(1) 脂溶性的有机分子，大部分比较容易被吸收，脂溶性越大，越容易被吸收；(2) 小分子的有机分子，比较容易被吸收，大分子的有机分子即使溶于脂相，也难于被吸收，也就是说分子量越小越容易被吸收利用；(3) 当质膜处于液晶态时，有机分子容易进入细胞内，处于凝胶态时则难以进入细胞内。

1. 植物可吸收的有机态养分的种类

（1）含氮：氨基酸、酰胺等；

（2）含磷：磷酸己糖、磷酸甘油酸、卵磷脂、植酸钠等；

（3）其他：RNA、DNA、核苷酸等。

2. 吸收机理

（1）被动吸收——亲脂超滤解说；

（2）主动吸收——载体解说；

（3）胞饮作用解说——在特殊情况下发生。

3. 吸收的意义

（1）提高对养分的利用程度；

（2）减少能量损耗。

二、根外营养

植物通过地上部分器官吸收养分并进行代谢的过程，称为根外营养。根外营养器官主要是茎和叶，最主要是叶片，所以根外营养其实质是指叶部营养。

（一）根外营养的特点

根外营养作为根部营养的一种辅助手段，主要具有以下一些特点：

1. 直接供给植物养分，可防止养分在土壤中的固定和转化

比如 $H_2PO_4^-$、Mn^{2+}、Cu^{2+}、Fe^{2+} 这些养分如果施入土壤，很容易被土壤固定而降低有效性，采用根外追肥可避免固定而提高利用率。另外，一些生理活性物质，比如赤霉素、B_9，施入土壤易被土壤微生物分解而失去有效性，采用根外追肥可以克服这种缺点。

2. 根外营养养分吸收转化比根部快，能及时满足作物需要

通过试验发现，用 P^{32} 涂于棉花的叶部，5 分钟后各个器官中已有相当数量的 P^{32} 分布，尤其是根、生长点、嫩叶中较多；但是如果采用根部施用，15 昼夜后，棉花体内 P^{32} 的分布仅相当于叶部施用 5 分钟时的情况。另外，尿素施入土壤 4~5 天才见效，而叶部喷施，只需 1~2 天就见效，这都说明叶部施肥的吸收和转移速度快。所以根外追肥用于及时防治某些缺素症或补救因不良气候条件、根部受损而造成的营养不良。

3. 叶部营养直接影响作物体内代谢，有促进根部营养和改善品质的作用

通过实验发现，根外营养可调节和促进酶的活性，提高光合作用和呼吸作用的强度，直接影响到作物体内一系列重要的生理活动过程，同时也能改善作物对根部有机态养分的供应，增加根系吸收水分和养分的能力。

如一些植物开花时喷施硼肥,可以防止"花而不实"。

4. 节省肥料,经济效益高

根外喷施磷、钾和微量元素肥料,用量只相当于土壤施用量的10%~20%,特别对微肥,采用根外喷施不仅可以节省肥料,还可避免土壤施用不均和施用量过大所产生的毒害。

叶面施肥的局限性:叶面施肥的局限性在于肥效短暂,每次施用养分总量有限,又易从疏水表面流失或被雨水淋洗。

因此,植物的根外营养不能完全代替根部营养,仅是一种辅助的施肥方式,是在一些特殊情况下(根系吸收能力下降、土壤干旱、土壤施肥困难等)的一种有效补肥方式。

对于微量元素,当土壤提供的量不足时,叶面喷施是常用的一种施用手段;对于大量元素,一般作物需求量较大,叶面喷施只能作为根部营养的补充。

(二)根外营养的影响因素

1. 叶片类型

从作物种类来看:一般养分吸收双子叶植物>单子叶植物。

双子叶植物:(棉花、油菜、甘薯、马铃薯)叶面积大、角质层薄、叶面平展、养分吸收快;

单子叶植物:(稻、麦、谷)叶面积小、角质层厚、叶片下披、养分吸收慢。

水生植物和生长在潮湿环境中的植物,蜡质层薄,吸收养分容易;旱生植物的叶片蜡质层厚,吸收养分较困难。

因此,旱生、单子叶植物可适当提高喷施的浓度和增加喷施次数。

从叶片结构看:养分吸收背面>正面。

正面:表层组织下面是栅栏组织,细胞排列紧密,吸收养分相对较慢;

背面:海绵组织,细胞排列疏松,细胞间隙大而且还有许多孔道细胞,吸收养分相对较快。

所以,在进行叶面喷施时应该尽量正反两面都要喷到。

2. 溶液的组成

在选用具体的肥料品种时,应选择叶片容易吸收的肥料品种。

吸收速率方面,N肥、P肥、K肥的具体速率如下。

N肥:$CO(NH_2)_2 > NO_3^- —N > NH_4^+ —N$;尿素吸收速度比其他离子快10倍,甚至20倍,尿素与其他盐类混合,还可提高盐类中其他离子的吸收速度。

P 肥：KH_2PO_4＞过磷酸钙，而磷矿粉、钙镁磷肥不是水溶性磷肥，不能用作根外追肥的肥料。

K 肥：KCl＞KNO_3＞KH_2PO_4。

3. 溶液的浓度

根据试验，在一定的浓度范围内，无论是无机离子还是有机分子，进入叶片的速度都随着浓度的增加而增加，所以在不产生肥害的情况下，应适当提高溶液的浓度，大量元素喷施浓度：0.2%～2%，微量元素：0.01%～0.2%。具体浓度应根据作物、气候环境条件考虑，设施栽培作物一般喷施浓度较低，在大面积使用前一定经过实验验证，以免引起烧苗。

4. 溶液反应（pH）

微酸性：有利于阴离子的吸收，所以当喷施阴离子肥料，比如 P 肥、NO_3^-—N、B 肥、Mo 肥时，应将溶液调至微酸性；

中性、微碱性：有利于阴离子的吸收，所以在喷施 NH_4^+—N、K 肥、Fe 肥、Mn 肥、Zn 肥、Cu 肥时，应将溶液调至微碱性或中性。

注意，过酸过碱都不利于养分的吸收。

5. 湿润剂（表面活性剂）

在溶液中加入适当的湿润剂能降低溶液的表面张力，增加溶液在叶片上的附着力，比如加入 0.1%～0.2%洗衣粉、洗涤剂、中性肥皂，从而提高根外营养的效果。

6. 喷施时间

应尽量选择在下午、风小时喷施，使溶液在叶片表面保持一定的湿润时间，以有利于叶片的吸收利用，大雨、烈日、大风时不应喷施。

湿润剂与喷施时间都是为了提高溶液湿润叶片的时间，增加吸收。

7. 喷施次数和部位

对于在作物体内移动性小，再利用率低的养分，应适当增加喷施次数，而且要注意喷施在幼嫩的部位。连续喷施比一次喷施的效果好。

第三节　影响植物吸收养分的环境条件

植物对养分的吸收，虽然主要是受遗传基因的控制，但还会受到环境因素的影响。比如：光照、温度、通气、水分、酸碱反应、养分浓度、离子间的相互作用等。本节主要介绍影响植物吸收养分的环境条件。

一、光照

(1) 光照影响到光合作用的强度,从而影响到生物化学能的供应,进而影响到植物对养分的主动吸收。

光合作用不仅是一个把无机物转化为有机物的过程,也是一个把光能转化为生物化学能的过程,而植物对养分的吸收是一个耗能的过程,需要能量参与。

光照越强,光合作用强度越大,产生的生物化学能越多,养分吸收也越多;反之,光照越弱,光合作用强度越小,产生的生物化学能越少,吸收的养分也越少。

(2) 光照影响到蒸腾作用,影响到养分在土壤中的迁移(质流),间接影响到养分的吸收。

二、温度

在一定的温度范围内(0~30℃),作物对养分的吸收与温度呈正相关,随着温度的升高而增加。

(一)温度影响作物的生理活动

比如:光合作用、呼吸作用,影响到能量的供应,从而影响到植物对养分的吸收利用。低温往往使植物的代谢活性降低,从而减少养分的吸收量。温度过高会使酶钝化,导致酶的活性降低。同时原生质膜的通透性增加会引起离子的渗漏,养分的吸收也会减慢。

(二)温度影响养分的有效性和微生物的活动

在一定的温度范围内,随着温度的增加,养分的有效性也增加。随着温度的增加,微生物的活动也越旺盛,养分的转化也就越快,所以温度能影响养分的有效性和微生物的活动,从而影响到作物对养分的吸收。

(三)不同的作物适宜的温度范围不同

棉花吸收养分最适宜的温度 28~30℃,水稻 30~32℃,玉米 25~30℃,大豆 20~30℃。当然,作物吸收养分最适宜的温度范围与作物的遗传特性有很大的关系。

(四)温度对不同营养元素的影响不同

低温对阴离子吸收的影响比阳离子明显,可能是因为阴离子的吸收以主动吸收为主,需要能量参与有关。另外,低温对 P、K 吸收的影响比 N 明显,所以越冬作物增施 P 肥,能补偿低温导致阴离子吸收不足的影响,增施钾肥能增加作物的抗寒性(K 能提高作物的抗寒性,后面会讲到),有利于作物安全越冬。总体上讲,越冬作物要施 P、K 肥。

三、通气

（1）土壤通气影响到根系的呼吸作用，影响到 ATP 的供应，从而影响到养分的吸收。

养分的吸收必须依赖于根系呼吸作用产生的能量，而呼吸作用中的有氧呼吸又依赖于 O_2 的供应，所以通气条件会影响到养分的吸收。

（2）土壤通气影响到土壤的氧化还原电位，从而影响到养分的存在形态与有效性，进而影响到作物对养分的吸收。

（3）土壤通气条件会导致有毒、有害物质的产生。

四、水分

（1）水分状况是决定土壤中养分离子是以扩散还是以质流方式迁移的重要因素；

（2）水分状况是化肥溶解和有机肥料矿化的决定条件；

（3）水分状况对植物生长，特别是对根系的生长有很大影响，从而间接影响到养分的吸收。

五、酸碱反应

土壤的酸碱反应对养分的吸收能产生直接或间接的影响。

（一）pH 能影响根细胞表面的带电性

酸性条件下，pH↓，[H^+]↑，由于[H^+]的增加而抑制了根表蛋白质羧基的解离，相反却增加了氨基的解离，使蛋白质以带正电荷为主，有利于阴离子的吸收。

$$\boxed{\begin{array}{c} R-COOH \\ | \\ NH_3^+ \end{array}} \quad HCO_3^- + NO_3^- \rightleftharpoons \boxed{\begin{array}{c} R-COOH \\ | \\ NH_3^+ \end{array}} \quad NO_3^- + HCO_3^-$$

碱性条件下，pH↑，[H^+]↓，由于[H^+]的降低，会抑制根表面氨基的解离，相反会增加羧基的解离，使蛋白质以带负电荷为主，有利于阴离子的吸收。

$$\boxed{\begin{array}{c} R-COO^- \\ | \\ NH_2 \end{array}} \quad H^+ + NH_4^+ \rightleftharpoons \boxed{\begin{array}{c} R-COO^- \\ | \\ NH_2 \end{array}} \quad NH_4^+ + H^+$$

所以对于 NH_4^+、NO_3^- 这两种不同形态的氮素，酸性条件下有利于

NO_3^- 吸收，而碱性条件下有利于 NH_4^+ 的吸收。

（二）pH 能影响原生质膜的通透性

因为质膜中的磷脂，可以和蛋白质中的羧基，以 Ca^{2+} 作为桥梁结合在一起，减少质膜的通透性。

$$\sim CH_2-COO-Ca-O-\overset{\overset{\displaystyle O}{\|}}{\underset{\underset{\displaystyle OX}{|}}{P}}-CH_2-\overset{\displaystyle CH_2-O-CO-R_1}{\underset{\displaystyle}{CH-O-CO-R_2}}$$

但是在酸性条件下，[H^+] 过高时，H^+ 就能代换在质膜中起桥梁作用的 Ca^{2+}，从而使磷脂和蛋白质断开，增加质膜的通透性，造成离子态养分的外渗，所以在酸性土壤上施用石灰不仅仅能中和土壤酸度，还能提供给作物 Ca 素营养，而且还能减少质膜的通透性。

（三）pH 能影响到养分的有效性

土壤酸碱反应对土壤中养分有效性的影响最为突出，一方面影响到养分的溶解和沉淀；另一方面影响到微生物的活动，间接影响到养分的有效性。

（四）pH 影响微生物的活动

间接影响到植物对养分的吸收，强酸性条件下不利于固 N 根瘤菌的活动，从而影响到豆科作物的共生固 N，碱性条件下 pH 为 7.5～8.2 反硝化细菌活动旺盛，会造成 N 素的反硝化损失。

六、养分浓度

在一定范围内，植物对养分的吸收与浓度呈正相关。养分的浓度影响养分的迁移与吸收速度。

临界浓度：作物根系不从外界吸收养分的浓度。

土壤养分的容量、强度因素和缓冲能力，反映了土壤的保肥和供肥性。

七、离子间的相互作用

根据它们的特点，可将离子间的相互作用分为拮抗作用和协助作用。

（一）离子间的拮抗作用

阳离子——阳离子　　　　　　　　阴离子——阴离子

一价：K^+—$Rb^+$$Cs^+$（铯）　　　　　　Cl^-—Br^-

NH_4^+—K^+

二价：$Ca^{2+} \longrightarrow Mg^{2+}$ $H_2PO_4^- — NO_3^- — Cl^-$

一价与二价：$K^+ \longrightarrow Fe^{3+}$

$Ca^{2+} \longrightarrow Na^+$、$Li^+$

$K^+ \longrightarrow Mg^{2+}$

离子间的拮抗作用指某一种离子的存在会抑制另一种离子的吸收，拮抗作用主要发生在阳离子和阳离子之间，阴离子和阴离子之间。

机制：

(1) 具有拮抗作用的离子可能竞争载体上的结合部位，比如 $K^+ —NH_4^+ —Rb^+ —Cs^+$，它们的水合半径相近，在载体上可能具有相同的结合部位，从而产生拮抗作用。

(2) 具有拮抗作用的离子可能影响到原生质膜的通透性（主要是指 Ca^{2+} 对一些离子产生的拮抗作用）。

Ca^{2+} 是连接质膜上的蛋白质和磷脂的桥梁，能影响膜孔的大小。当 Ca^{2+} 存在时，质膜的通透性下降，就可以限制水合半径比较大的离子（比如 Na^+、Li^+）的通过，而水合半径小的离子（比如 K^+、Rb^+）则可通过，所以 Ca^{2+} 对 Na^+、Li^+ 产生了拮抗作用。

(3) 其他一些影响。比如水稻上的 K^+ 对 Fe^{2+} 的拮抗作用，因为 K^+ 可增加水稻根系的氧化力：$Fe^{2+} \xrightarrow{被氧化} Fe^{3+}$，从而减少 Fe^{2+} 的有效性。

应用：由于离子间存在着拮抗作用，因此在农业生产上要注意离子间的拮抗作用。

(1) 解毒作用。利用离子间的拮抗作用，减轻或消除一些不利养分的毒害作用，比如 Ca^{2+} 能降低 Al^{3+}、Mn^{2+}、H^+、Na^+、Fe^{2+} 的毒害作用。

(2) 施肥或混合肥料时，要注意离子间的拮抗作用。

$NH_4^+ —K^+$：$NH_4^+ —N$ 肥施用过多，很容易引起作物缺钾症状的产生，尤其是在有效钾含量低的砂质土壤上，施用 $NH_4^+ —N$ 过多时必须要考虑钾肥的施用，否则会加重钾的缺乏。

$Ca^{2+} \rightarrow Na^+$：在盐碱地上施用石膏，不仅可以改良土壤，而且 Ca^{2+} 的存在还会抑制作物对 Na^+ 的吸收。

另外，烟草上施用钾肥过多，会引起缺 Mg 症状，这也可能是由 $K^+ \rightarrow Mg^{2+}$ 造成的。

(二) 离子间的协助作用

离子间的协助作用指一种离子的存在会促进作物对另外一种离子的吸收。离子间的协助作用主要表现在阴离子与阳离子之间，如 NO_3^-、SO_4^{2-} 等对阳离子的吸收有利。

二价或三价阳离子促进一价阳离子的吸收,溶液中 Ca^{2+}、Mg^{2+}、Al^{3+} 等能促进 K^+、Rb^+、Br^- 以及 NH_4^+ 的吸收——"维茨效应"。

注意:离子间的拮抗作用是相对的,它是相对于一定的养分浓度而言的。比如,Ca^{2+} 与 K^+ 在低浓度时是协助作用,而在高浓度时则表现出拮抗作用。

第四节 植物的营养特性

一、植物营养的共性与特殊性

(一)共性

每一种高等植物都需要 17 种必需营养元素,包括 C、H、O、N、P、K、Ca、Mg、S、Fe、Mn、Zn、Cu、Mo、B、Cl、Ni。

(二)特殊性

1. 不同的植物对各种营养元素的需求量不同

块根、块茎作物比如马铃薯、甘薯、甜菜需要较多的 K。

烟草需 K 量也比 N、P 要大得多:K>N、P。

豆科作物虽然需要大量的 N,但是由于根瘤菌能固定大气中的 N,可以少施或不施 N 肥,但对 P、K 的需求量却比一般作物要多,所以栽培豆科绿肥作物,增施 P、K 肥有促进固 N 的作用,称为以磷增氮和以钾增氮的作用。

2. 不同的作物对不同形态的养分吸收能力不同

油菜、萝卜、荞麦能很好地利用难溶性 P,比如磷矿粉中的 P,大豆、紫云英、花生等豆科作物对难溶性 P 的利用能力也很强,而水稻、小麦等禾本科作物对难溶性 P 的利用能力则很弱。

另外,虽然作物都能吸收 NH_4^+—N 和 NO_3^-—N,但对水稻来讲适合施用 NH_4^+—N,其肥效比 NO_3^-—N 要好(水田中 NO_3^-—N 会通过反硝化作用而造成 N 素的损失;NO_3^- 在水田中不易被土壤胶体所吸附易流失,水稻体内没有硝酸还原酶,使 NO_3^-—N 同化受阻,虽然经过短期诱导也能形成硝酸还原酶,但 NO_3^-—N 的肥效远不如 NH_4^+—N)。

烟草应施用同时含有 NH_4^+—N 和 NO_3^-—N 的肥料,比如 NH_4NO_3,效果比较好。

NO_3^-—N:能促进烟草体内柠檬酸和苹果酸的累积,有利于增加烟草的燃烧性。

NH_4^+—N：能促进烟叶内芳香族挥发油的形成，有利于增加烟草的香味。

3. 同一种作物的不同品种对养分的需要量不同

粳稻＞籼稻，生育期长＞生育期短，高产＞低产。

4. 同一种作物在不同的生育期对养分的需求量不同

比如，营养临界期对养分的需求量虽然不多，但要求很迫切，营养临界期缺少某种养分，会对植物生长和产量产生严重影响，过了这一时期即使大量补充这种养分也难于挽回损失。而最大效率期植物对养分的吸收，无论是吸收数量还是吸收速率都是最大的。

二、作物各生育期的营养特点

（一）作物的营养期

植物的生长期：从种子到种子的整个生育时期。

植物的营养期：植物从环境介质中吸收养分的时期。

$$种子————————种子$$

$$开始吸收——————结束吸收$$

所以一般而言，生长期长则营养期也长，而且营养期＜生长期。

（二）作物营养的阶段性

在作物的营养期中包括不同的营养阶段，而不同的营养阶段对养分的种类、数量、比例有着不同的要求——作物营养的阶段性。

在作物的营养期中有两个非常重要的时期，即作物的营养临界期和最大效率期，如果能及时满足作物在这两个时期对养分的需求，对提高作物的产量有非常重要的作用。

1. 作物营养临界期

营养元素供应过多、过少或元素间不平衡对作物的生长发育能产生显著不良影响的那个时期，称为作物营养临界期。这一时期，虽然作物对某种养分的需求在绝对数量上并不是很多，但是要求很迫切。如果这时期因缺少某种养分而对作物生长发育造成损失，以后即使大量补施这种养分也难于弥补。

作物的营养临界期一般出现在作物生长的初期，即幼苗期。这一时期正处在种子营养向根系营养过渡的时期，根系比较弱，吸收养分的能力差，而种子中的养分已经耗尽。

植物营养临界期的养分供应主要靠基肥或种肥供应。

2. 作物的最大效率期

指营养物质能产生最大增产效能的时期，称为最大效率期。这一时期作物对养分的需求，无论在绝对数量上，还是在吸收速率上都是最大的，这时期施用肥料增产效果最显著。

最大效率期一般出现在作物生长的旺盛时期，不同的作物最大效率期不同。常见作用最大效率期如下。

棉花（N、P）：花铃期；玉米（N）：喇叭口至抽雄初期；水稻（N）：分蘖期；油菜：花期。

大多数作物 N、P、K 的最大效率期比较相近，但块根作物是一个例外。例如山芋，N：茎叶生长最快时；P、K：块根膨大时。

植物营养最大效率期的施肥是以追肥的方式施入的。

作物的营养临界期和最大效率期是整个营养期中最关键的两个时期，在这两个时期如果能及时保证供应给作物足够的养分，对提高作物的产量是很重要的，但是其他各生育阶段养分的供应也是必需的。也就是说，我们既要重视作物对养分吸收的阶段性，也要重视作物对养分吸收的连续性，所以在生产上要注意施足基肥，重视种肥和追肥，为作物的丰产创造良好的条件。

三、植物营养与根部特性

（一）根的类型

从整体上分类：
- 直根系：根深；
- 须根系：水平生长；

从个体上分类：
- 定根
  - 主根：形成直根系；
  - 侧根；
- 不定根：组成须根系。

直根系——能较好地利用深层土壤中的养分；

须根系——能较好地利用浅层土壤中的养分。

农业生产中，常将两种根系类型的植物种在一起——间种、混种、套种，充分利用土壤中的养分。

（二）根的数量

用单位体积或面积土壤中根的总长度表示，如：LV（cm/cm^3）或 LA（cm/cm^2）。一般，须根系的 LV＞直根系的 LV。

根系数量越大，总表面积越大，根系与养分接触的概率越高——反映根系的营养特性。

对于一条根，分生区和伸长区是养分吸收的主要区域；根毛区吸收养分的数量比其他区段更多。

原因：根毛的存在，使根系的外表面积增加到原来的 2～10 倍，增强了植物对养分和水分的吸收。

（三）植物根际及其营养作用

根际：由于植物根系的影响而使其理化生物性质与原土体有显著不同的那部分根区土壤，一般离根轴表面 1 至数毫米。

在根际中，植物根系不仅影响介质土壤中无机养分的溶解度，也影响土壤生物的活性，从而构成一个"根际效应"。

"根际效应"反过来又强烈地影响着植物对养分的吸收。

1. 根系分泌物

植物生长过程中，根系向根际释放一系列物质。

（1）根系分泌物的种类

无机物：CO_2、矿质盐类（细胞膜受损时才大量外渗）；

有机物：糖类、蛋白质及酶、氨基酸、有机酸等。

（2）根系分泌物的农业意义

① 微生物的能源和营养材料；

② 促进养分有效化；

③ 抵御过量养分（铁、锰）或重金属毒害。

2. 根际微生物

由于根系分泌物的存在，植物根际微生物的数量远高于土体。

（1）非侵染微生物对植物吸收养分的影响

① 矿化有机物，释放 CO_2 和无机养分；

② 产生和分泌有机酸络合金属离子，促进养分的吸收和转移；同时，降低土壤 pH 值，促进难溶性化合物的溶解和养分释放；

③ 固定和转化大气中的养分（固氮微生物能将空气中的分子态氮转化为植物可利用的形式）；

④ 产生和释放生理活性物质，促进根系的生长和养分的吸收。

（2）菌根

土壤真菌侵染植物根系后形成的联合共生体。

类型：外生菌根、内生菌根；

作用：促进植物对养分的吸收。

3. 根际 pH 环境

（1）影响因素

呼吸作用（根系、微生物）；分泌的有机酸（根系、微生物）。

养分的选择吸收（影响最大） { 阴离子＞阳离子，pH 上升；
阳离子＞阴离子，pH 下降。

（2）作用

影响养分的有效性，例如：

① 石灰性土壤施用铵态氮肥、钾肥，pH 下降，使多种营养因素的生物有效性增加；

② 酸性土壤施用硝态氮肥，pH 上升，磷的有效性提高；

③ 豆科作物在固氮过程中酸化了根际，提高了难溶性磷的利用率；

④ 豆科植物在缺磷条件下，根系不正常生长形成簇状根或排根，分泌 H^+ 能力较强，有效地降低根际 pH，并溶解土壤中的难溶性磷。

4. 根际 Eh 环境

（1）影响因素

作物种类——旱作：根际 Eh＜周围土体；水稻：根际 Eh＞周围土体。

（2）作用

影响养分的有效性。

第五节　合理施肥的基本原理与技术

合理施肥，尤其是合理施用化学肥料是大幅度提高作物产量的一项重要技术措施。

一、施肥原则

（一）经验性施肥原则

（1）传统性：三看——看天、看地、看苗。

（2）现代性：氮肥——合理性；磷肥——有效性；钾肥——需要性；复合肥——必然性；微肥——针对性；有机肥——必需性。

（二）科学施肥原则

提高作物产量和品质；提高肥料利用率，增加经济效益和社会效益；培肥地力；减少生态环境污染。

合理施肥 5 项指标：高产指标、优质指标、高效指标、环保指标、培肥指标。

其中，前三项为当前国家提出的发展高产、优质、高效农业的基本要求；后两项为发展可持续农业和提高环境质量的要求。

二、施肥原理

(一) 定量原理——报酬递减律

在技术条件相对稳定的情况下，随着施肥量的增加，作物的总产量是增加的，但单位施肥量的增产量却是依次递减的。

米氏学说和米氏方程式的意义：揭示了作物产量与施肥量之间的一般规律；第一次用函数 $[y=A(1-e^{-cx})]$ 关系反映了肥料递减规律；使肥料使用由经验型、定型化走向了定量化。

米氏方程式未能反映施肥过量引起的总产量下降的现象，而费弗尔提提出的抛物线式反映了这一现象。

报酬递减律在施肥上的指导意义——施肥要有限度，不是施肥越多越增产，超过合理施肥量上限就是盲目施肥。一般在达到最高产量的90%时，施肥量经济效益较高。

(二) 量比原理——最小养分律

最小养分律：植物生长发育需要吸收各种养分，而决定植物产量的是土壤中有效养分含量相对最小的养分元素，植物的产量在一定范围内随着该元素的增减而增减。如果无视这个客观限制因子的存在，继续增加其他养分元素，也难于使植物的产量进一步提高。

最小养分律形象地讲是一种木桶效应，我们把木桶的容量看成作物的产量，组成木桶的木板看成植物必需的各种营养元素，那么作物的产量就取决于土壤中有效养分相对最小的养分元素。

在应用最小养分律时，还要注意以下几点：

(1) 最小养分不是指土壤中有效养分含量绝对最少的养分元素，而是相对作物需要量来讲含量最小的养分元素。如 P (10mg/kg) 和 Zn (1.5mg/kg)，P 可能是最小养分。

(2) 最小养分不是固定不变的，当原有的最小养分增加到能满足作物需要量时，其他的元素又会成为新的最小养分。

(3) 最小养分是作物增产的显著因素，要想增加作物产量就必须增加最小养分的数量，也就是说不是最小养分的营养元素，增加再多也难于使作物增产。

最小养分律在施肥上的指导意义：施肥要有针对性，首先满足最小养分的需要量。

最小养分律在指导合理施肥上虽有重要的指导意义，但也存在一些片面性。

(1) 它把各种营养元素孤立起来看待，忽视了营养元素之间相互联系、相互制约的一面。

（2）限制作物产量的因素，不仅仅有养分元素，还有其他一些因子，比如：温度、光照、通气、水分、作物品种、土壤质地、结构等。

限制因子律（布来克曼）——最小养分律的扩大和延伸，除养分以外，气候、栽培技术等都可能成为作物生长限制因子。

限制因子律在施肥上的指导意义：施肥既要考虑各种养分供应状况，又要注意与生长有关的环境因素。

（三）平衡补偿原理——养分归还学说

养分归还学说：随着作物每次种植与收获，必然要从土壤中取走大量养分，使土壤养分逐渐减少，为保持土壤肥力就必须将植物带走的矿质养分和氮素以施肥的方式归还给土壤。

养分归还学说认为通过人为施肥的方式对土壤养分的损耗作出一种积极的补偿，因此又称之为养分补偿学说。对恢复土壤肥力和提高农业生产起了积极的作用。

但是完全归还的观点是片面的、不经济的，也是没必要的，有重点的归还作物需要量大、养分归还率低、土壤中易缺的养分是完全合理的。

归还养分的方式：一是通过施用有机肥料，二是通过施用无机肥料，二者各有优缺点，若能配合施用则可取长补短，增进肥效，是农业可持续发展的正确之路。

三、施肥技术

化肥的利用率低是一个全球性问题。一般情况下，N肥的当季利用率为35%～40%，P肥为10%～25%。肥料的利用率低一方面造成巨大的浪费，另一方面也带来了严重的环境问题，合理施肥技术主要包括施肥量、施肥时期和施肥方法等方面的内容，施肥量的确定是合理施肥的中心问题。

（一）施肥量的确定

施肥量的确定需要考虑多方面的因素，比如植物的产量水平、土壤供肥量、肥料的利用率、气候条件、土壤条件、栽培技术等。确定施肥量的方法也有很多种，比如定性的丰产指标法、肥料效应函数法、养分平衡法等，这里主要介绍肥料效应函数法和养分平衡法（应用较多）确定施肥量。

1. 定性的丰产指标法

简单易行，但比较粗糙。

2. 肥料效应函数法

通过试验拟合肥料效应方程，计算施肥量。方法较复杂，不易掌握（借助计算机较简单）。

$$y = a + bx + cx^2$$

当边际产量等于零时，即 $dy/dx = b + 2cx = 0$，此时的施肥量为最高产量的施肥量。

此时，$x = -b/2c$，把该方程代入 $y = a + bx + cx^2$，便可求得最高产量 y。

经济效益最佳施肥量：当边际产量 $dy/dx = $ 肥料价格/产品价格时所对应的施肥量。

例 8-1 白菜施氮量与产量的试验方案及试验结果如表 8-2 所示。

表 8-2 白菜施氮量与产量

处理号	1	2	3	4	5
施氮量（kg/小区）	0.0	1.0	2.0	3.0	4.0
产量（kg/小区）	10	25	30	35	36

解 $\hat{y} = 10.852 + 14.233x - 2.019x^2$，则最高产量施肥量为：$dy/dx = 14.233 - 4.038x = 0$，求得 $x = 3.52$ kg/小区。

经济效益最佳施肥量为：$dy/dx = $ 肥料价格/产品价格 $= 14.233 - 4.038x = 4.0/1.0$，求得 $x = 2.78$ kg/小区。

3. 养分平衡法（目标产量法）

养分平衡法在我国应用比较多，它的基本原则是：

$$计划施肥量 = \frac{计划产量所需的养分总量 - 土壤供肥量}{肥料的养分含量 \times 肥料的利用率}$$

（1）目标产量（计划产量）所需的养分总量 = 目标产量 × 形成单位经济产量所需养分数量

目标产量不能定得过高，也不能定得过低，要根据当地的实际情况确定。一般以当地前三年的平均产量作为基础，再增加 10%～15%。

形成单位经济产量所需的养分数量，可以查阅当地资料，也可通过实验测定获得。

（2）土壤供肥量

植物达到一定产量水平时从土壤中吸收的养分量，获得这一数值的方法有很多种，但至今没有一种满意的方法来确定土壤的供肥量，最常用的方法是以大田试验中无肥区收获物中的养分数量来表示。

土壤的供肥量 = 无肥区的产量 × 形成单位经济产量所需养分数量

（3）肥料的利用率

植物吸收来自所施肥料的养分数量占施肥量的百分率。

肥料利用率 = $\left[\dfrac{\text{施肥区植物地上部分该元素的吸收量} - \text{无肥区植物地上部分该元素的吸收量}}{\text{所施肥料中该元素的总量}}\right] \times 100\%$

例 8-2 某农户麦田前三年的平均产量 $365 kg/667 m^2$，该地块无氮对照区小麦的产量 $150 kg/667 m^2$，试估算实现小麦的目标产量增产 10%，$667 m^2$ 需要 NH_4HCO_3（N17%）多少千克（NH_4HCO_3 利用率 30%）。

解 目标产量：$365 + 365 \times 10\% = 401.5 kg \approx 400 kg$；

目标产量所需养分量 $= 400 \times 3/100 = 12 kg$；

土壤供肥量 $= 150 \times 3/100 = 4.5 kg$；

计划施肥量 $= \dfrac{12 - 4.5}{17\% \times 30\%} = 147 kg$。

（二）施肥时期的确定

植物营养具有阶段性，也就是植物的不同生育阶段对养分的种类、数量、比例有着不同的需求，所以施肥要看植物的生长情况来确定。施肥任务并不是一次就能完成，从施肥时期以及对作物的营养作用一般包括基肥、种肥、追肥三个时期。

基肥：也称底肥，是指播种或定植前结合土壤翻耕施入土壤的肥料，它的作用主要有两个方面，一方面能培肥和改良土壤，另一方面能供给植物整个生育期所需的养分。通常以有机肥料为主，配合部分化学肥料（缓效最佳）作基肥。

种肥：播种或定植时施在种子附近或与种子混播，或用来处理种子的肥料，它的作用主要是为种子萌发和幼苗生长创造良好的营养条件和环境条件。种肥一般是腐熟的有机肥料或速效性化肥以及微生物制剂等。浓度过大、过酸、过碱或含有毒物质的肥料以及容易产生高温的肥料均不宜作种肥。种肥一般采用拌种、蘸秧根浸种、盖种、条施或穴施等方式。

追肥：在植物生长期间施用的肥料，及时补充植物所需的养分，一般用腐熟的有机肥料、速效性化肥作追肥。

（三）施肥方法

1. 撒施

优点：肥料分布范围广，操作简便、省工。

缺点：用肥多，肥料利用率低。

适用：作物种植密度大；施肥量大；施用不溶性肥料。

施用方法：结合耕翻土地撒施；结合灌水撒施。

2. 集中施肥

优点：肥料用量少，利用率高。

缺点：对产量高、需肥多、密度大的作物一次施肥不能满足需要，用量过多会影响根系生长等。

适用：肥料少或肥料易被土壤固定。

施用方法：种肥（拌种、浸种）；条施（小麦）；穴施（瓜类）；环施、放射状施（果树）。

3. 灌溉施肥

优点：吸收快；减少机械镇压和对土壤结构的破坏；施肥少，减轻损失，省工省时，降低成本。

缺点：肥料分布不均（漫灌）；铵态氮肥易挥发，从而造成损失；磷肥易与水中钙、镁离子发生沉淀，堵塞喷管等。

施用方法：喷灌、滴灌、漫灌（少用为佳）。

4. 根外追肥

施用方法：叶片喷施、注射、填埋、涂布。

第九章 土壤氮素营养与氮肥

氮是肥料三要素之一，作物需要量比较大，通常需要施用化学氮肥来满足作物对氮素的需求。氮肥是我国生产量最大、施用量最多的化肥之一。但是氮肥利用率较低，一般为30%～50%，有时甚至更低，对大气和水体都造成污染。因此科学合理地施用氮肥不仅能提高作物产量，降低成本，而且有利于保护环境。

第一节 土壤中的氮素及其转化

一、土壤中氮素的来源及其含量

（一）来源

(1) 施入土壤中的化学氮肥和有机肥料；
(2) 动植物残体的归还；
(3) 生物固氮；
(4) 雷电、降雨、灌水带来的NH_4^+和NO_3^-。

（二）含量

我国耕地土壤全氮含量为0.04%～0.35%之间，与土壤有机质含量呈正相关。

二、土壤中氮的形态

土壤中的N素可分为无机态氮和有机态氮两大类。

（一）无机态氮

在土壤中含量很少，只占全N含量1%～10%左右，主要包括铵态氮、硝态氮、亚硝态氮等，其中铵态氮又包括：土壤溶液中的铵，交换性铵（土壤胶体表面吸附的铵），固定态铵（主要指2∶1型粘土矿物晶层之间固定的铵）。

（二）有机态氮

有机态氮是土壤中N素的主要存在形态，一般占全N含量的90%以上，有机态氮大部分不能被植物直接吸收利用，必须经过矿化作用分解成无机态 N，才能被植物吸收利用。

三、土壤中氮的转化

土壤中 N 素的转化包括生物化学、物理化学、物理、化学的过程。

（一）N 素的矿化与生物固持作用

N 素的矿化是指土壤中有机态 N 在微生物的作用下分解释放出铵或氨的过程。

N 素的生物固持作用是指土壤中的微生物同化无机态氮并将其转化为细胞体有机态氮的过程。

N 素矿化、生物固持是土壤中两个相反的作用过程，这两个过程的相对强弱，受能源物质的种类、数量（主要是有机物质的化学组成和 C/N）、水热条件等因素的影响很大。

当易分解的能源物质大量存在时（C/N＞25/1～30/1）：无机态 N 的生物固持速率＞有机态 N 的矿化速率，从而表现出净生物固持，土壤中无机态 N 含量趋于减少。

随着能源物质的逐渐分解和消耗，生物固持速率逐渐降低，当 C/N 降到 20/1 左右时，生物固持速率＜有机态 N 的矿化速率，从而表现出净矿化，土壤无机态 N 得以累积。

（二）铵的粘土矿物固定与释放

1. 粘土矿物对铵的固定

铵主要固定在 2∶1 型粘土矿物的六角形孔穴中，固定的 NH_4^+ 不能被其他的阳离子所代换，也称为非交换性铵。

影响土壤对 NH_4^+ 固定的因素：

（1）粘土矿物的种类、数量。只有 2∶1 型的粘土矿物才固定 NH_4^+，1∶1 型的粘土矿物不固定 NH_4^+，不同的 2∶1 型粘土矿物固定铵的能力也不同，蛭石＞蒙脱石，伊利石的固铵能力取决于风化程度和 K^+ 的饱和度。

（2）土壤质地。因为粘土矿物主要集中在粘粒和细粉砂粒级中，所以粘粒和细粉砂含量越高的土壤，固铵能力越强。

（3）pH。土壤固铵的能力一般随 pH 升高而增大，pH＜5.5 时，固铵能力一般比较低。

（4）溶液中 NH_4^+ 的浓度。土壤对 NH_4^+ 的固定量一般随溶液中 NH_4^+ 浓度增加而增大。

（5）伴随离子。粘土矿物除了对 NH_4^+ 会产生固定外，对 K^+ 也存在着同样的固定方式，所以 K^+ 和 NH_4^+ 会竞争固定位置，K^+ 的存在会抑制粘

土矿物对 NH_4^+ 的固定。

2. 土壤固定态铵的释放

迄今为止，关于对固定态铵释放机制的了解很少，一般认为土壤中固定态铵与交换性铵处在相互转化的动态平衡中，随着交换性铵的降低，有一部分固定态铵可以转化为交换性铵而表现出生物有效性。

（三）硝化作用

土壤中的铵或氨，在有氧的条件下，经亚硝化细菌和硝化细菌的作用氧化为硝酸盐的过程称硝化作用，大体上可分为两个阶段：

第一阶段：

$$NH_4^+ \xrightarrow{亚硝化微生物} NO_2^-$$

$$2NH_4^+ + 3O_2 \xrightarrow{亚硝化微生物} 2NO_2^- + 2H_2O + 4H^+ + 660KJ$$

第二阶段：

$$NO_2^- \xrightarrow{硝化微生物} NO_3^-$$

$$2NO_2^- + O_2 \xrightarrow{硝化微生物} 2NO_3^- + 167KJ$$

影响硝化作用的条件主要有以下几个方面：

（1）土壤通气。硝化微生物是好气性微生物，它的活性受土壤通气影响很大，而土壤通气又受控于土壤含水量，一般在田间最大持水量的 50%～60%时，硝化作用最旺盛。由于硝化作用需要良好的通气条件，所以硝化作用一般存在于通气良好的旱地土壤以及水田表面的氧化层中。

（2）土壤反应。土壤pH与硝化作用具有很好的相关性，pH为5.6～8.0时，随着pH上升，硝化作用的速率成倍增加。

（3）土壤温度。在一定的温度范围内，温度的升高能促进硝化作用的进行，一般来讲硝化作用最适宜的土温20～25℃，但是不同气候条件下土壤中的硝化细菌最适宜的温度是不一样的。

（4）施肥。施用有机肥料，一般来讲能促进硝化作用，因为有机肥料中具有大量的有硝化活性的微生物。

硝化作用产生的硝酸盐易随水流失和发生反硝化作用而损失。

（四）反硝化作用

指在嫌气条件下，硝酸盐、亚硝酸盐 $\xrightarrow{还原}$ 气态氮（分子态氮、氮氧化物），反硝化作用可分为微生物机制和化学机制两种方式。

1. 微生物机制

由反硝化细菌所引起的反硝化作用，它是土壤中反硝化作用的主要形式。

$$NO_3^- \rightarrow NO_2^- \rightarrow NO \rightarrow N_2O \rightarrow N_2$$

在微生物机制中，反硝化作用的产物 N_2O 和 N_2 比例取决于嫌气的程度、pH、温度。渍水条件下，嫌气程度高，反硝化产物几乎全部是 N_2；而嫌气程度、pH、温度较低时，N_2O 的比例较高。

2. 化学机制

硝酸盐在一定条件下进行的纯化学分解过程，反硝化的产物主要是分子态氮（N_2）、一氧化氮（NO），它不是反硝化作用的主要形式。

影响反硝化作用的条件：

（1）通气条件。反硝化作用主要是一个嫌气条件下所进行的生物还原过程。旱地雨后会造成局部嫌气条件，产生反硝化作用；水田长期淹水，在还原层中会产生反硝化作用。

（2）土壤中有机物质含量。土壤中易分解的有机物质含量高，会促进反硝化作用，因为易分解的有机物质在分解过程中会消耗掉土壤中的氧，间接地促进了土壤嫌气条件的形成。

（3）温度。最适温度为 30～35℃。

（4）pH。最适 pH 为 5～8。

反硝化作用导致氮损失，尤其水稻田，反硝化作用损失的氮量约占化肥损失的 35%。

（五）氨挥发

氨的挥发损失是氨从土表或水面散发到大气中而造成的 N 素损失，并污染大气。土壤溶液中存在铵—氨平衡：$NH_4^+ \leftrightarrow NH_3 + H^+$，这一平衡制约着氨的挥发，它的平衡点主要取决于土壤的 pH 值及温度，pH 为 6～8 的范围，pH 每上升一个单位，NH_3—N 占总氮量的百分率大约增加 10 倍；温度在 5～35℃，温度每升高 10℃，NH_3—N 占总 N 量的百分率大约增加 1 倍。

$$NH_4^+ （代换性） \rightleftharpoons NH_4^+ （液相） \rightleftharpoons NH_3 （液相） \rightleftharpoons NH_3 （气相）$$
$$\rightleftharpoons NH_3 （大气）$$

影响因素：

（1）pH 值：碱性条件有利于 NH_3 挥发；

（2）土壤 $CaCO_3$ 含量：呈正相关，铵与 $CaCO_3$ 生成 $(NH_4)_2CO_3$；

（3）温度：呈正相关；

（4）施肥深度：挥发量表施＞深施；

（5）土壤水分含量：呈反相关；

（6）土壤中 NH_4^+ 的含量：呈正相关。

（六）硝酸盐的淋洗损失

氮素损失途径主要有：氨挥发，硝酸盐淋失与反硝化。

NO_3^-－N 随水渗漏或流失，可达施入氮量的 5%～10%；硝酸盐的淋洗损失导致氮素损失，并污染水体。

第二节　氮肥的种类、性质与施用

氮肥生产是我国化肥工业的重点，氮肥产量占化肥总产量的绝大部分。

氮肥种类很多，大致可分为铵态氮肥（NH_4^+）、硝态氮肥（NO_3^-）、酰胺态氮肥和长效氮肥。各类氮肥的性质、在土壤中的转化和施用既有共同之处，也各有特点。

一、铵态氮肥

含有铵离子（NH_4^+）或氨（NH_3）的含氮化合物。包括碳酸氢铵（NH_4HCO_3）、硫酸铵（$(NH_4)_2SO_4$）、氯化铵（NH_4Cl）、氨水（NH_4OH）、液氨（NH_3）等。

共同特点：

（1）易溶于水，是速效养分。

（2）易被土壤胶体吸附，不易淋失。

铵态氮肥易被土壤胶体吸附，部分还进入粘土矿物晶层间。因此，铵态氮肥肥效比硝态氮肥慢，但肥效长；既可作追肥，也可作基肥。

（3）碱性条件下易发生氨的挥发损失

铵态氮肥施在石灰性土壤上会引起 NH_3 的挥发损失；而酸性土壤上则不会发生挥发损失。铵态氮肥不能与碱性物质混合贮存、施用，以免造成氨的挥发损失。

（4）高浓度的 NH_4^+ 易对作物产生毒害，造成"氨的中毒"。

（5）作物吸收过量的铵会对 Ca^{2+}、Mg^{2+}、K^+ 的吸收产生抑制作用。

（一）液氨（NH_3）

1. 含量和性质

含量：含 N82.3%。

性质：

（1）由合成氨工业制造的氨直接加压、冷却、分离而成的高浓度液体

肥料。

(2) 呈碱性反应，常温常压下呈气态，比重 0.617，沸点 －33.3℃，冰点 －77.8℃；贮存时需要特殊的容器，施用也需要特殊的施肥机。

(3) 施入土壤后很快转化为 NH_4OH，被土壤胶体吸附或发生硝化作用。因此，短时间内土壤碱性增强，但长期施用不会给土壤带来危害。

2. 施用

① 深施。用施肥机具施用，施在耕作层的中下部，即 15～20cm。

② 不要与皮肤直接接触，以免造成严重的冻伤。

（二）氨水（$NH_3 \cdot H_2O$）

1. 含量和性质

含量：含氮 15%～17%。

性质：

(1) 呈液态，易挥发损失氨，也易中毒。氨的浓度越高、气温越高，挥发越大。

(2) pH＝10 左右，呈碱性反应，具有强烈腐蚀性。

(3) 施入土壤后，短时间内会解除碱性，这主要是因为土壤解离的 H^+ 和 OH^- 离子；作物选择性吸收解离的 H^+；硝化作用产生的硝酸等，中和氨水的碱性。

2. 施用

(1) 可作基肥、追肥，不宜作种肥。

(2) 深施并覆土。

(3) 耐腐蚀容器贮存，置阴凉干燥处保存。也可通入 CO_2，形成 NH_4HCO_3、$(NH_4)_2CO_3$ 或表面撒矿物油，减少挥发。

(4) 不宜与种子一起贮存，以免影响种子发芽。

(5) 为减少挥发，施用时应采取：稀释 19～20 倍，并深施；加入吸附性物质如泥土、泥炭；阴天、早晨、傍晚施用，起稀释作用；减少与叶片的接触，以免灼伤叶片。

（三）碳酸氢铵（NH_4HCO_3）

1. 含量和性质

含量：含氮 17% 左右。它是在氨水中通入 CO_2，离心、干燥而成，其制造流程简单，能量消耗低，投资省，建设速度快。

性质：

(1) 白色细小的结晶，易溶于水，速效性肥料；

(2) 肥料水溶液 pH 为 8.2～8.4，呈碱性反应；

(3) 化学性质不稳定，易分解挥发损失氨；应密封、阴凉干燥处保存。

(4) 贮存、运输过程中，易发生潮解、结块。

(5) 施入土壤后，碳酸氢铵很快发生解离为均能被作物吸收利用的 NH_4^+ 和 HCO_3^-，不残留任何副成分。

2. 施用

(1) 可作基肥、追肥，但不易作种肥；因本身分解产生氨，影响种子的呼吸和发芽。

(2) 深施并覆土，以防止氨的挥发。

(3) 粒肥，能提高利用率，但需提前施用。一般水田提前4～5天，旱作提前6～10天；用量可较粉状减少1/4～1/3。

(四) 硫酸铵 $(NH_4)_2SO_4$

1. 含量和性质

含量：硫酸铵简称硫铵，是应用较早的固态氮肥品种，一般称为标准氮肥。含氮量：20%～21% N。

性质：

(1) 纯品为白色结晶，有少量杂质时多呈微黄色；

(2) 物理性状良好，不吸湿、不结块；

(3) 易溶于水，肥料水溶液呈酸性反应；

(4) 化学性质稳定，常温常压下不挥发、不分解；

(5) 碱性条件下，发生氨的挥发而损失氮。因此，硫酸铵不能与碱性物质混合贮存和施用；

(6) 属于生理酸性肥料。长期施用会使土壤酸度增强。

酸性土壤施用硫铵，会使土壤酸性增强，应配施石灰，但注意石灰与硫铵应分开施用；石灰性土壤含有大量 $CaCO_3$，施用硫铵对土壤酸度的影响较小，但会引起氨的挥发损失，应深施。

2. 施用

(1) 适宜作基肥、追肥和种肥；

(2) 适宜各种作物，喜硫作物施用效果更好；

(3) 稻田长期施用会使 SO_4^{2-} 在土壤中大量积累，嫌气条件下产生 FeS 和 H_2S，影响水稻根系的呼吸，发生水稻的黑根病；

(4) 深施覆土。

(五) 氯化铵 (NH_4Cl)

1. 含量和性质

含量：氯化铵简称氯铵，含氮量为24%～25%，由合成氨工业制成的氨与制碱工业相联系而制成的。

性质：

(1) 物理性状较好，吸湿性略大于硫酸铵；

(2) 易溶于水，肥料水溶液呈酸性反应；

(3) 化学性质稳定，不挥发、不分解。

2. 施用

(1) 适宜作基肥、追肥，不宜作种肥。

(2) 适宜稻田长期施用。因为稻田 Cl^- 易淋失，不会给土壤带来危害；土壤中 Cl^- 的存在能抑制亚硝化毛杆菌的活性，从而抑制土壤中 NH_4^+ 转化为 NO_3^- 的硝化作用，减少了 NO_3^- 的淋失。

(3) 不宜在忌氯作物（烟草、茶叶、薯类等）施用，以免影响作物产量，特别是品质。适宜于棉麻类作物。Cl^- 的存在有利于碳水化合物在地上部的积累，增加纤维的强度和长度。

(4) 碱性条件下，发生氨的挥发损失氮。因此，不能与碱性物质混合贮存、施用。

(5) 属于生理酸性肥料。由于作物的选择性吸收，会引起环境的酸化。氯化铵施入土壤后对土壤的影响大于硫铵，长期施用会使土壤酸度增强和土壤板结（因 $CaCl_2$ 的溶解度大于 $CaSO_4$）。大量施用氯化铵（特别是酸性土壤）应配施石灰和有机肥料。

(6) 深施覆土，特别是在石灰性土壤上。

二、硝态氮肥（NO_3^-）

共同特点：

(1) 易溶于水，属速效性氮肥。

(2) 易淋失，不易被土壤胶体吸附。

(3) 嫌气条件下，易发生反硝化作用，生成 N_2、N_2O 等损失氮素。

(4) 作物吸收过量 NO_3^- 不会发生中毒现象。

(5) 吸湿性较大，物理性状较差。

(6) 易爆、易燃，贮存和运输过程中应采取安全措施。

(7) 易淋失，稻田施用淋失更多，渗透到还原层易引起反硝化作用，以气态氮方式损失氮素。

（一）硝酸铵（NH_4NO_3）

1. 含量和性质

含量：含氮 33%～34%。

性质：

(1) 白色结晶，含杂质时呈淡黄色，易溶于水，速效。

(2) 吸湿性强，溶解时发生强烈的吸热反应。

(3) 贮存和堆放不要超过 3 米，以免受压结块。

(4) 易爆易燃，属热不稳定肥料，运输过程中振荡摩擦发热，能逐渐分解放出 NH_3。

(5) 施入土壤后，NH_4^+ 和 NO_3^- 能被作物吸收。

2. 施用

(1) 适宜作追肥、种肥，一般不作基肥。追肥要少量多次；作种肥时注意用量，并尽量不使其与种子直接接触，小麦拌种每亩不超过 2.5kg 且干拌。

(2) 不宜水田施用：避免硝态氮的淋失和反硝化损失氮。

(3) 不宜与有机肥混合施用：易造成嫌气条件，发生硝化作用。

（二）硝酸钠（$NaNO_3$）

1. 含量和性质

含量：简称智利硝石，含氮 14%～15%。

性质：

(1) 白色结晶，易溶于水，速效。

(2) 吸湿性强，易潮解。

(3) 生理碱性肥料。

(4) 含有 Na^+，不适合盐碱土上施用。

2. 施用

(1) 作追肥，少量多次。

(2) 适于旱地，以减少淋失。

(3) 不适合盐碱土上施用。

三、酰胺态氮肥——尿素（$CO(NH_2)_2$）

1. 含量和性质

含量：含 N 为 42%～46%，含氮较高，固态肥料含 N 最高的单质氮肥。

性质：

(1) 结构为 $H_2N-CO-NH_2$，是化学合成的有机小分子化合物。

(2) 白色针状或棱柱状结晶。

(3) 易溶于水，易吸湿，特别是在温度大于 20℃、相对湿度 80% 时吸湿性更大。目前加入疏水物质制成颗粒状肥料，以降低其吸湿性。

(4) 尿素制造过程中需要高温高压，但温度过高，会产生缩二脲，尿素中缩二脲含量应小于 2.0%。

2. 施入土壤后的转化

(1) 20%左右借助于氢键和范德华力以分子吸附的形式被土壤胶体吸附，吸附力较弱，易淋失。因此，尿素施入土壤后不要浇大量的水，以免造成尿素的淋失。

(2) 大部分$CO(NH_2)_2$在脲酶作用下分解转化。

$$CO(NH_2)_2 \longrightarrow NH_4HCO_3 + (NH_4)_2CO_3 + NH_4OH \text{（在脲酶作用下）}$$

3种氮均不稳定，易解离产生NH_3，因此尿素应深施。

脲酶的活性受土壤温度、水分、酸度的影响。中性、温度较高、水分适宜时转化较快；温度为7℃、转化率100%时需要7～10天，温度为30℃时仅需1天。

(3) 尿素中的缩二脲施入土壤后也会发生转化，旱地29天有60%分解成NH_4HCO_3，而水田分解较快。

3. 施用

(1) 不提倡作种肥：尿素分解产生NH_4HCO_3、$(NH_4)_2CO_3$和NH_4OH，挥发产生氨，影响种子的呼吸和发芽。另外，尿素肥料中含有的缩二脲对种子发芽有抑制作用。若作种肥，用量要限制，并且避免与种子直接接触。

尿素品质鉴定指标：含N量和缩二脲含量。

(2) 尿素适宜作根外追肥，喷施浓度0.2%～2%。原因：

① 尿素为中性有机小分子，电离度较小（$1.5×10^{-4}$），对作物茎叶损伤小；

② 尿素分子体积较小（0.99）；

③ 尿素是水溶性的，又具吸湿性，易呈液态被吸收；

④ 尿素透过质膜，并且质壁分离少。

(3) 肥效较NH_4^+-N和NO_3^--N肥慢：尿素在土壤中的转化需要一段时间；因此，作追肥时，要提前4～5天施用，作水稻追肥要施到浅水层。稻田宜作基肥，不要急于灌水，因尿素施用初期以分子形态存在，大部分未被吸附具有流动性。

四、长效氮肥

（一）分类

1. 缓释肥料（Slow Release Fertilizers，SRF）

施用后在环境因素（如微生物、水）作用下缓慢分解，释放养分供植物吸收的肥料。

2. 控释肥料（Controlled Release Fertilizers，CRF）

通过包被材料控制速效氮肥的溶解度和氮素释放速率，从而使其按照植物的需要供应氮素的一类肥料。

（二）特点

（1）降低养分在土壤中的淋失、退化、挥发等损失；

（2）能在很大程度上避免养分在土壤中的生物、化学固定；

（3）减少施肥次数，一次大量施用不会对作物根系产生伤害，省工、省时、省力；

（4）肥效缓慢，一次施用能满足作物各个生育阶段的需要；

（5）价格昂贵、养分含量高、利用率高等。

（三）长效氮肥的存在问题及改进措施

1. 存在问题

（1）难以满足作物早期及吸肥高峰期的需要；

（2）大多数品种价格过高难以在大田推广应用，多用于园艺及多年生观赏植物；

（3）其中的优良品种也难以满足环境保护要求，特别是可持续发展的要求。

2. 改进措施

（1）以框架结构的大分子有机物质作包裹材料；

（2）以分解快慢不同的包膜材料分层包裹；

（3）把分解快慢不同的颗粒按一定比例混合。

（四）长效氮肥品种

1. 合成的有机长效氮肥

以尿素为主体与适量醛类反应生成的微溶性聚合物。施入土壤后经化学反应或在微生物作用下，逐步水解释放出氮素，供作物吸收。

（1）尿素甲醛（UF）

含氮 32%～38%，在催化剂的作用下，由尿素和甲醛缩合而成的直链化合物。甲醛是一种防腐剂，施入土壤后抑制微生物的活性，从而抑制了土壤中各种生物学转化过程而长效。当季作物仅释放 30%～40%。

（2）脲乙醛（又名丁烯叉二脲，代号 CDU）

由乙醛缩合为丁烯叉醛，在酸性条件下与尿素缩合成的异环化合物。产品为白色粉末，含 N 为 28%～32%。

（3）脲异丁醛（又名异丁叉二脲，代号 IBDU）

是 2 分子尿素与 1 分子乙醛反应制成的。含氮 31%，呈颗粒状，不吸湿，不溶于水。

（4）草酰胺（代号 OA）

含氮 31.8%，呈颗粒状，微溶于水。

2. 包膜肥料

用不透性或半透性的薄膜包被氮肥，包膜材料有树脂、塑料、硫黄、磷肥等。

（1）硫衣尿素

在尿素颗粒表面涂以硫黄，用石蜡包膜。主要成分为尿素（76%）、硫黄（19%）和石蜡（3%），含氮 34.2%。

（2）长效碳铵

在碳铵表面包一层钙镁磷肥，在酸性介质下，使镁磷肥和碳铵表面形成薄层的磷酸铵镁，含氮 11%～12%，P_2O_5 为 3%。

第三节　氮肥的合理施用

氮肥是在农业生产上施用量最大的化学肥料，氮肥施入土壤后会通过挥发、淋失、反硝化脱氮等途径造成氮素的损失，从而造成巨大的浪费，而且会对环境产生污染，因此氮肥的合理分配和施用非常重要。

减少 N 素损失，提高 N 肥利用率要遵循以下一些基本原则：

（1）尽量避免表层土壤中无机态氮的累积

土壤中的交换性铵和硝态氮虽然是植物 N 素的直接来源，但也是各种损失机制中共同的来源，所以要尽量避免土壤中无机态氮的过量累积，要采取适当的措施来减少土壤中无机态 N 的累积，比如：确定适宜的施用量；根据作物的营养特点，分次施用；以及施用缓释 N 肥等。

（2）针对氮素损失的主要机制采取相应的对策

对于水田来讲，在水稻生长期间淋洗损失极少，径流损失容易控制，要把防止氨的挥发损失，以及硝化—反硝化损失重点考虑。对于氮的挥发损失可以通过减少 NH_4^+—N 的浓度、降低田面 pH 值、深施等措施来控制；对于硝化—反硝化损失可以通过配合施用硝化抑制剂、脲酶抑制剂、深施等措施来控制。

对于旱地来讲：北方石灰性土壤，氨的挥发损失较严重，可采用深施、施用后灌水等措施以减少铵态氮肥和尿素的氨挥发损失。另一方面，要避免旱作土壤中硝态氮的大量累积，以减少硝化、反硝化损失，可以采用的措施包括分次施用、添加硝化抑制剂、水肥综合管理等。

（3）提高作物对 N 素的吸收利用

作物对 N 的吸收与 N 素损失之间存在着竞争，所以消除影响作物生长的限制因子，促进作物的生长发育，从而提高作物对 N 素的吸收能力，将有助于减少 N 素的损失。所以凡是有利于植物生长发育的因素都能提高作物对 N 素的吸收，从而减少 N 素的损失。另外在植物生长的旺盛时期，根系吸收养分的能力强，这时大量追施氮肥也有助于减少 N 素损失。

提高氮肥利用率的措施：

一、合理分配氮肥

氮肥的合理分配需要考虑的因素主要是气候条件、土壤条件、作物营养特性、氮肥本身的性质。

（一）气候条件

在干旱条件下，作物对肥料用量的反应小，增产不明显；在水分供应充分时，作物对肥料用量的反应大，增产明显。

根据我国气候条件：北方干旱缺雨，可分配硝态氮肥；南方湿润雨多，宜分配铵态氮肥。

（二）土壤条件

（1）肥力状况：着重中、低产田。

（2）土壤质地：砂质土壤"前轻后重，少量多次"；粘质土壤"前重后轻"，一次用量可适当多些。

（3）土壤反应：酸性土区施用生理碱性或碱性肥料；中性土区、碱性土区施用生理酸性或酸性肥料。

（4）盐碱地：不宜用含 Cl^- 肥料和 Na^+ 肥料，避免土壤含盐量的增加。

（5）水分状况：水田区不宜用硝态氮肥，以免淋失或反硝化损失。

（三）作物种类

1. 不同作物对 N 素的需要量不同

一般来讲，叶菜类作物、水稻、玉米、小麦、桑、茶对 N 的需要量大，应多分配 N 肥，而豆科作物虽然对 N 素的需要量也比较大，但由于根瘤菌能固定空气中的 N 素，可以少施或不施氮肥。

2. 不同作物对不同的氮肥品种的肥效不同

水稻：宜施用 NH_4Cl、尿素等肥料，不宜施用 $(NH_4)_2SO_4$（$SO_4^{2-} \rightarrow H_2S$，对水稻根系有毒害作用）、含 NO_3^- 的肥料（反硝化脱氮损失）。

甜菜：$NaNO_3$、烟草 NH_4NO_3。

忌氯作物不宜施用 NH_4Cl，比如：烟草、甘薯、马铃薯、甜菜、茶树、柑橘、葡萄等。

3. 不同作物品种耐肥能力不同

高产＞低产，生育期长＞生育期短。

4. 不同作物的生育期对 N 素的需要量不同

营养临界期对 N 素的需要量不多，但要求很迫切，可用少量的速效性 N 肥作种肥或基肥施用；最大效率期对 N 素的需要量最大，应加大追肥的数量。

（四）肥料品种

NH_4^+-N：基肥，水田、旱地均可，深施（覆土）。

NO_3^--N：追肥，旱地，少量多次。

二、严格控制氮肥用量

施 N 量过少，作物的产量太低；施 N 量过多，氮肥利用率低，造成浪费，而且还会污染环境，所以确定适当的施肥量就显得非常重要。常用养分平衡法计算氮肥用量。

三、深施覆土

表施和深施氮肥的利用率和肥效比较参见表 9-1 所示。

表 9-1　表施与深施氮肥的利用率和肥效

施肥方式	氮肥利用率	肥　效
表施	30%～50%	10～20 天
深施	50%～80%	30～40 天

四、与有机肥、磷肥、钾肥配合

氮肥与有机肥配合施用，无机氮可以提高有机氮的矿化率，有机氮可以加强无机氮的生物固定率，使作物高产、稳产、优质，达到改良土壤的目的；氮肥与磷肥、钾肥配合施用，保持养分平衡，可以提高氮肥利用率。

五、与氮肥增效剂配合

如脲酶抑制剂、硝化抑制剂配施，可以提高氮肥利用率。

第十章 土壤磷素营养与磷肥

与氮相同，磷是植物生长发育不可缺少的营养元素之一。许多土壤磷素供应不足，因此定向地调节土壤磷素状况和合理施用磷肥是提高土壤肥力，达到作物高产优质的重要途径之一。

第一节 土壤中的磷素及其转化

一、土壤中磷的含量

我国耕地土壤的全磷量为 $0.2\sim1.1\ g/kg$，呈地带性分布规律：从南到北、从东到西逐渐增加。

二、土壤中磷的形态

1. 有机态磷
含量：占土壤全磷量的 $10\%\sim50\%$。
来源：动物、植物、微生物和有机肥料。
影响因素：母质的全磷量、全氮量、地理气候条件、土壤理化性状、耕作管理措施等。

2. 无机态磷
含量：占土壤全磷量的 $50\%\sim90\%$。
包括：土壤液相中的磷（以 $H_2PO_4^-$ 和 HPO_4^{2-} 为主）、固相的磷酸盐、土壤固相上的吸附态磷。

三、土壤磷素的转化及固定

（一）土壤磷的释放
难溶性磷酸盐的释放：矿物态磷酸盐，化学沉淀形成的磷酸盐经过物理的、化学的、生物化学的风化作用，变成溶解度较大的磷酸盐。

1. 无机磷的解吸。
吸附态磷重新进入土壤溶液的过程。由于植物吸收降低溶液中磷的浓度引起解吸或阴离子交换等。

2. 有机磷的矿化。

（二）土壤中无机磷的固定

1. 化学沉淀

与钙离子（碱性土壤）；与铁、铝离子（酸性土壤）。

2. 吸附反应

静电吸附、专性吸附（含铁、铝氧化物及其水化物较多的土壤）。

第二节 磷肥种类、性质与施用

一、我国磷矿资源

我国磷矿资源非常丰富，位居世界第四，但大多数是中低品位，即 $P_2O_5 < 28\%$。

二、磷矿分级与磷肥的制造方法

磷矿分级与磷肥的制造方法参见表 10-1。

表 10-1 磷矿分级与磷肥的制造方法

P_2O_5 含量	磷矿品位	制造方法	磷肥种类及典型品种
>28%	高	酸制法	水溶性磷肥—过磷酸钙
18%~28%	中	热制法	枸溶性磷肥—钙镁磷肥
<18%	低	机械法	难溶性磷肥—磷矿粉

三、水溶性磷肥

（一）过磷酸钙

普通过磷酸钙，简称普钙，是酸制法磷肥的一种，是用硫酸分解磷灰石或磷矿石而制成的肥料。

其反应式如下：

$$Ca_{10}(PO_4)_6F_2 + 7H_2SO_4 \longrightarrow Ca(H_2PO_4)_2 \cdot 2H_2O + CaSO_4 \cdot 2H_2O + 2HF \uparrow$$

1. 成分

（1）主要含磷化合物是水溶性磷酸一钙 $[Ca(H_2PO_4)_2 \cdot 2H_2O]$，占

肥料总量的30%～50%;

(2) 难溶性硫酸钙[$CaSO_4 \cdot 2H_2O$],占肥料总量的40%;

(3) 3%～5%游离磷酸和硫酸:由于制造过程加入过量酸和贮存过程中磷酸一钙的解离;

(4) 少量杂质:难溶性磷酸、铁铝盐和硫酸铁、铝盐;

(5) 成品中含有有效磷(以P_2O_5计)为12%～20%。

2. 性质

(1) 灰白色、粉末状;

(2) 呈酸性反应,有一定的吸湿性和腐蚀性;潮湿的条件下易吸湿、结块;

(3) 易发生磷酸的退化作用——过磷酸钙在贮存和运输过程中的特殊作用:过磷酸钙吸湿或遇到潮湿条件、放置过长,会引起多种化学反应,主要是指其中的硫酸铁、铝杂质与水溶性的磷酸一钙发生反应生成难溶性的磷酸铁、铝盐,降低了磷肥肥效的现象。主要反应如下:

$$Fe_2(SO_4)_3 + 3Ca(H_2PO_4)_2 \cdot 2H_2O + 4H_2O \longrightarrow 6FePO_4 \cdot 2H_2O \downarrow + 3CaSO_4 \cdot 2H_2O$$

$$Al_2(SO_4)_3 + 3Ca(H_2PO_4)_2 \cdot 2H_2O + 4H_2O \longrightarrow 6AlPO_4 \cdot 2H_2O \downarrow + 3CaSO_4 \cdot 2H_2O$$

因此,过磷酸钙含水量、游离酸含量都不宜超标,并且在贮存和运输过程中注意防潮,贮存时间也不宜过长。

3. 磷的转化

实践证明:当季作物对过磷酸钙的利用率很低,一般为10%～25%,其主要原因是水溶性的磷酸一钙易被土壤吸持或产生化学和生物固定作用,降低磷的有效性。

(1) 磷的化学固定

过磷酸钙施入土壤后发生异成分溶解,水分不断从周围向施肥点汇集,使磷酸一钙溶解为磷酸二钙($CaHPO_4 \cdot 2H_2O$)和磷酸(H_3PO_4),反应如下:

$$3Ca(H_2PO_4)_2 \cdot 2H_2O + H_2O \rightarrow 2CaHPO_4 \cdot 2H_2O + H_3PO_4$$

随着磷酸一钙的溶解,施肥点磷酸浓度增大,致使磷酸逐渐向外扩散,此时微域土壤溶液的pH下降1～1.5个单位,从而溶解土壤中的铁、铝、钙、镁,而产生相应的磷酸盐沉淀——磷的化学固定。

酸性土壤含有大量的三二氧化物(Al_2O_3、Fe_2O_3)、氢氧化物

($Fe(OH)_3$、$Al(OH)_3$），在干湿交替条件下，形成氧化铁胶膜，把磷酸盐包被起来形成闭蓄态磷，在旱作条件下植物难以利用。

中性、石灰性土壤中，磷酸在扩散过程中与土壤溶液的钙、镁离子、交换性钙镁及碳酸钙、碳酸镁等发生反应，逐渐转化为难溶性钙镁盐。其转化式如下：

$$Ca(H_2PO_4)_2 \cdot 2H_2O \rightarrow CaHPO_4 \cdot 2H_2O \rightarrow Ca_3(PO_4)_2 \rightarrow$$

$$Ca_5-P \rightarrow Ca_8H_2(PO_4)_6 \rightarrow Ca(PO_4)_6(OH)_2$$

（磷酸八钙）　　　　（羟基磷灰石）

转化过程生成的含水磷酸二钙、无水磷酸二钙及磷酸八钙对作物仍有一定效果；但羟基磷灰石只有经过长期风化的释放才能被植物吸收利用。

（2）专性吸附

含铁、铝氧化物及其水化物较多的土壤易发生专性吸附，所以海南砖红壤磷的当季利用率较低。

4. 施用

过磷酸钙适用于各类土壤及作物，可以做基肥、追肥和种肥。无论施入何种土壤，都易被固定，移动性较小。石灰性土壤磷的移动试验表明：过磷酸钙施入土壤2～3个月，90%磷酸移动不超过1～3cm，绝大多数集中在施肥点周围0.5cm范围内。因此，合理施用过磷酸钙应以减少肥料与土壤的接触，增加肥料与植物根系的接触，以提高过磷酸钙的利用率，具体施肥措施如下：

（1）集中施用；

（2）分层施用（2/3作基肥，结合耕地翻入低层；1/3作种肥，施于土壤表层）；

（3）与有机肥料混合施用（有机胶体对氧化铁等的包被，减少闭蓄态磷的产生，有机酸络合铁、钙等，减少化学沉淀）；

（4）制造颗粒磷肥；

（5）根外追肥。

（二）重过磷酸钙

简称重钙，是一种高浓度磷肥，系由硫酸处理磷矿粉制得磷酸后，再以磷酸和磷矿粉作用而制得。含磷（P_2O_5）40%～52%，为普通过磷酸钙的3倍，故又称浓缩过磷酸钙，三倍磷肥或三料磷肥。主要成分是磷酸一钙，不同的是它不含石膏，因此含磷量远比过磷酸钙高。

性质比普通过磷酸钙稳定，易溶于水，水溶液亦呈酸性反应，吸湿性较强，易结块。由于不含铁、铝等杂质，吸湿后不发生磷酸退化现象。其在土壤中的转化和施用与普通过磷酸钙一样，但用量应减少一半以上。

四、弱酸溶性磷肥

能溶于2%柠檬酸或中性柠檬酸铵溶液的磷肥，又称枸溶性磷肥。

包括钙镁磷肥、沉淀磷肥、脱氟磷肥、钢渣磷肥等。这类磷肥均不溶于水，但能被作物根系分泌的弱酸溶解，也能被其他弱酸溶解供植物吸收利用。

弱酸溶性磷肥在土壤中的移动性很差，不会流失，肥效比水溶性磷肥缓慢，但肥效持久。下面主要介绍钙镁磷肥：

1. 性质

钙镁磷肥是热制磷肥的一种，成分比较复杂，主要成分是 $\alpha-Ca_3(PO_4)_2$，含有效磷（P_2O_5）14%～19%。

钙镁磷肥一般为黑绿色或灰棕色粉末，不溶于水，但能溶于弱酸。无腐蚀性，不吸湿，不结块，物理性质良好，便于运输、贮存和施用。因含有30%的CaO和15%左右的MgO，是一种碱性肥料，pH为8.0～8.5。

钙镁磷肥也可以看做是含磷、钙、镁、硅的多元肥料，其肥效不如过磷酸钙，但后效长。

2. 在土壤中的转化与施用

在酸性条件下，有利于弱酸溶性磷酸盐转化为水溶性磷酸盐，提高磷肥的肥效；而在石灰性土壤中，在微生物、根系分泌的酸作用下，也可逐步溶解释放出磷酸盐，但速度较慢。因此，钙镁磷肥最好施在酸性土壤上。

钙镁磷肥宜作基肥并及早施用，一般不做追肥和种肥，对喜钙、镁和硅的作物较好。

五、难溶性磷肥

所含磷酸盐大部分只能溶于强酸，肥效迟缓，肥效长。磷矿粉和骨粉是难溶性磷肥的代表。

磷矿石经过机械粉碎磨细而成。既是各种磷肥的原料，也可以直接做磷肥施用。但一般需要经过鉴定和选择后才能直接施用。磷矿粉的质量取决于两方面：（1）全磷含量；（2）弱酸溶性磷酸盐的含量。

一般，磷矿粉中弱酸溶性磷占全磷比例大的，才适合直接施用，肥效也好。通常磷矿粉中的可给性用枸溶率表示，即磷矿粉中2%柠檬酸溶性磷占全磷的百分数。只有枸溶率≥10%的磷矿粉才可以直接用作肥料，否则应用于加工其他肥料。

磷矿粉是难溶性磷肥，肥效缓慢，只能做基肥施用。提高磷矿粉的关键在于创造酸性条件，使其溶解度增加，加速释放磷酸。其次，在使用中还要考虑：

(1) 作物种类。各种作物吸收难溶性磷酸盐的能力有很大差异，因而施用磷矿粉的肥效也不同。

一般，豆科作物吸磷能力强，而禾本科则弱。因此，磷矿粉首先施在豆科绿肥作物上，充分利用其吸收难溶性磷的能力，把难溶性磷转变为有机体的磷，通过翻压绿肥腐解、提供给后茬作物利用。

多年生的经济林木，如橡胶、茶、柑橘等，对难溶性磷矿粉的吸收能力也很强，用磷矿粉做基肥效果也很好。

(2) 土壤条件。土壤酸性愈强，磷矿粉的肥效也就愈好。因此，磷矿粉适宜在酸性土壤施用。

(3) 肥料的细度。一般要求磷矿粉颗粒有 90% 能通过 100 目（0.149mm）的筛孔为宜。

磷矿粉的施用方法与过磷酸钙不同。磷矿粉应采用撒施做基肥的方法，以增加磷矿粉与土壤颗粒的接触面，有利于提高肥效。其次，磷矿粉应该与酸性肥料或生理酸性肥料配合施用，以提高磷矿粉中磷的有效性。磷矿粉具有释放养分缓慢而后效较长的特点，每次用量不宜过少；由于当年利用率不高，残留较多，故不必年年施用。

第三节　磷肥的合理施用

一、土壤供磷能力

1. 全磷

土壤全磷高时不一定磷素供应良好，但土壤全磷低时，常表现供磷不足。如土壤中全磷量在 0.08%~0.1% 以下，多数情况下施用磷肥可能增产。

2. 土壤有效磷

用土壤有效磷含量来判断土壤磷素供应水平对指导施肥有实际意义。

石灰性土壤上用 Olsen 法（0.5mol/L $NaHCO_3$）浸提土壤，酸性土壤用 0.03mol/L HF—0.025mol/L HCl 浸提。磷肥优先分配在有效磷较低的土壤上。

二、作物需磷特性与轮作特点

不同作物对磷肥反应不一样。因此在同一土壤上，磷肥应优先分配在豆科作物或对磷肥反应良好的作物上，如糖、油菜等作物。

水旱轮作：应遵循旱重水轻，淹水以后土壤中磷的有效性提高，原因如下：

(1) 当处于淹水状态，造成强烈的还原作用，Eh 降低，磷酸高铁变为磷酸亚铁，磷溶解度增加。

(2) 同时，淹水后 pH 升高，促进水解作用和土壤中 CO_2 分压增加，都可使磷的有效性增加。

(3) 还能使闭蓄态磷的铁膜消失，转变为有效态。

(4) 淹水后，在还原条件下，有机质分解不完全，会产生许多的有机酸。一方面这些有机酸能与 Fe^{3+}、Al^{3+} 形成络合物，能减少 Fe^{3+}、Al^{3+} 对 P 的固定。另一方面，这些有机酸含大量的有机阴离子，有利于吸附态 P 的置换。

(5) 淹水后，土壤溶液大大稀释，能促进难溶性磷的溶解。

旱地轮作，磷肥应优先分配于需磷较多，吸磷能力强的作物。豆科作物与粮食作物轮作，磷肥应重点分配在豆科作物上；若轮作中作物对磷反应的营养特性相似时，应优先分配在越冬作物上。冬小麦/夏玉米轮作，磷肥应重点分配在冬小麦，夏玉米则利用其后效。

三、磷肥特性

(1) 水溶性磷肥：普钙、重钙适合各种作物与土壤，作基肥或追肥。

(2) 弱酸溶性磷肥：钙镁磷肥等作基肥施用，在酸性土壤或中性土壤上优于碱性土壤。

(3) 难溶性磷肥：骨粉和磷矿粉施在酸性土壤上作基肥。

四、磷肥与其他肥料配合使用

在中低肥力土壤上，磷肥与氮肥的配合施用，肥效比在高肥力土壤上显著；与钾肥和有机肥配施，肥效提高；在酸性土壤中适当增施石灰或微量元素肥料，肥效更好。

五、施肥技术

以基肥为主，配施种肥，早施追肥，水溶性磷肥相对集中施用，弱酸溶性和难溶性磷肥在酸性土壤上撒施较好。

第十一章　土壤钾素营养与钾肥

钾是植物生长的必需营养元素，为肥料三要素之一。我国大部分土壤含钾较高，施用有机肥又可以使土壤中的钾素得到补充，因此钾素的矛盾并不突出。近年来，由于生产水平提高，氮、磷肥施用量增加等，不少地区出现缺钾现象。我国钾肥资源匮乏，影响钾肥肥效的因素较多，因此如何有效施用钾肥在农业中越来越重要。

第一节　土壤中钾的形态和转化

一、土壤中的钾素含量和形态

（一）含量

地壳中钾的含量（平均）约为2.3%，大部分土壤含钾量为0.5%～2.5%，平均为1.2%。红壤、砖红壤等风化强烈，是含钾量最低的土壤种类。

钾素在我国的地域性分布规律：由北向南、由西向东渐减，东南地区土壤多缺钾。

（二）形态

分为矿物态钾、缓效态钾以及速效态钾（水溶性钾和交换性钾）。

1. 矿物态钾

占全钾量的90%～98%，存在于微斜长石、正斜长石和白云母中，以原生矿物形态分布在土壤粗粒部分。

2. 缓效态钾

约占全钾量的2%，最高可达6%。主要为晶层固定态钾和存在于次生矿物，如水云母以及部分黑云母中。

3. 速效性钾

占全钾的1%～2%，其中交换性钾约占90%，水溶性钾约占10%。

土壤中各种形态的钾在土壤中并不是孤立存在的，它们之间可以相互转化，处在动态平衡之中：

水溶性钾 ⇌ 交换性钾 ⇌ 非交换性钾 ← 矿物态钾

二、土壤中钾素的转化

（一）矿物态钾和缓效态钾的释放

土壤中的矿物态钾和缓效态钾经物理、化学、生物的作用，通过风化能缓慢释放出，来供作物吸收利用。

（二）土壤中钾的固定

土壤溶液中钾及交换性钾进入矿物晶格的过程，从而降低钾的有效性。

三、影响因素

粘土矿物类型：2∶1＞1∶1。

土壤水分状况：干湿交替有利于钾的固定，所以钾肥最好不要表施，防止干湿交替增加固定。

pH 和陪补离子：土壤固钾能力随 pH 增高而增强，因为酸性条件下氢氧化铁和氢氧化铝占据层间位置，使层缝隙加大、降低钾的固定。中性条件下钙镁离子，以及碱性条件下钠离子增强钾的固定。

铵离子的多少：铵离子与钾离子半径相近，竞争结合位点。

第二节 钾肥的种类、性质与施用

一、氯化钾（KCl）

（一）性质

氯化钾主要由光卤石（$KCl \cdot MgCl_2 \cdot H_2O$）、钾石矿、盐卤（$NaCl \cdot KCl$）加工制成。

氯化钾为白色或淡黄色、紫红色结晶；K_2O 含量为 60%，易溶于水，对作物是速效的；有一定吸湿性，长久贮存会结块；属化学中性、生理酸性肥料。

（二）施入土壤后的转化

施入土壤中的氯化钾，很快溶解在土壤溶液中，增加了 K^+ 的浓度，其中一部分被作物吸收利用，另一部分与土壤中的阳离子进行交换反应。

石灰性土壤中交换反应如下：

$$\boxed{土壤胶体}_{Mg}^{Ca} + KCl \longrightarrow \boxed{土壤胶体} K + MgCl_2 + CaCl_2$$

在多雨季节以及灌溉条件容易造成钙的淋失，导致土壤板结。

酸性土壤中交换反应如下：

$$\boxed{土壤胶体}_{Al}^{H} + KCl \longrightarrow \boxed{土壤胶体} K + AlCl_3 + HCl$$

引起土壤酸化，酸性土壤上施用氯化钾应配施有机肥及石灰。

（三）施用

（1）可作基肥、追肥，不宜作种肥，以免造成盐害，影响种子的萌发和幼苗的生长。

（2）不宜在盐碱地上施用，适宜在水田上施用。酸性土壤施用时应配施有机肥和石灰。

（3）耐氯弱的作物慎用。

（4）适宜棉麻类作物。

二、硫酸钾（K_2SO_4）

（一）性质

硫酸钾主要是以明矾石［$K_2SO_4 \cdot Al_2(SO_4)_3 \cdot 4Al(OH)_3$］、钾镁矾（$K_2SO_4 \cdot MgSO_4$）为原料经煅烧加工而成的。

硫酸钾为白色或淡黄色结晶；K_2O 含量为 50%～52%，易溶于水，对作物是速效的；吸湿性较小，不易结块；属化学中性、生理酸性肥料。

（二）施入土壤后的转化

施入土壤中的硫酸钾，很快溶解在土壤溶液中，增加了 K^+ 的浓度，其中一部分被作物吸收利用，另一部分与土壤中的阳离子进行交换反应。

石灰性土壤中交换反应如下：

$$\boxed{土壤胶体}_{Mg}^{Ca} + K_2SO_4 \longrightarrow \boxed{土壤胶体} K + MgSO_4 + CaSO_4$$

$CaSO_4$ 溶解度小，脱钙程度相对较小，施用硫酸钾使土壤酸化速度比氯化钾缓慢。

酸性土壤中交换反应如下：

$$\boxed{土壤胶体} H + K_2SO_4 \longrightarrow \boxed{土壤胶体} K + H_2SO_4$$

（三）施用

（1）可作基肥、追肥、种肥和根外追肥。

（2）适宜在喜硫作物（十字花科、葱蒜类）以及对氯敏感的作物上施用。

（3）不宜在水田中施用。

三、草木灰

（一）成分和性质

草木灰是植物燃烧后的残渣；因为有机物和氮素大量被烧失，草木灰的主要成分是灰分元素－P、K、Ca、Mg 和 Fe 等微素（Ca、K 较多，P 次之）。

不同作物灰分的成分差异很大，一般木灰含 Ca、K、P 多；而草灰含 Si 多，P、K、Ca 略少。

同一作物的不同部位灰分中元素的含量也不同，幼嫩组织灰分含 P、K 较多，衰老组织含 Ca、Si 多。

草木灰中的钾 90% 是碳酸钾（K_2CO_3），其次是 KCl 和 K_2SO_4，均为水溶性的，对作物速效，但易受雨水淋失。草木灰中含有 CaO、K_2CO_3，呈碱性反应。酸性土壤施用，不仅能供应钾，而且能降低土壤酸度和补充 Ca、Mg 等元素。

（二）施用

(1) 可作基肥、追肥，也可作根外追肥、盖种肥。

(2) 不宜与铵态氮肥、腐熟的有机肥混合施用，以免造成氨的挥发。

第三节 钾肥的合理分配和施用

一、土壤供钾能力

钾肥的肥效在很大程度上取决于土壤钾的有效水平，与土壤的供钾能力呈负相关。

1. 土壤速效钾

土壤速效钾是作物钾的主要来源，其中水溶性钾仅占 1%，其他为交换性钾；土壤缓效性钾是土壤速效性钾的补充来源。

2. 土壤质地

土壤质地影响土壤的供钾能力，同等量的速效性钾含量的土壤上，施用钾肥后粘重土壤的肥效比砂质土壤差。一般砂质土壤供钾能力弱，所以要把有限的钾肥施在缺钾的砂质土壤上。

二、作物需钾特性

1. 不同作物需钾量不同，吸钾能力不同，肥效也不同

油料作物、薯类作物、糖用作物、棉麻类作物、豆科作物以及叶用作

物（烟草、桑、茶）需钾多，果树需钾较多，尤其是香蕉。

2. 同一作物不同品种对钾的需求量不同

一些研究结果表明，杂交稻、矮秆高产良种和粳稻对钾肥反应较为敏感，增产幅度比高秆品种、籼稻及常规稻要大。

3. 不同生育期对钾的需要不同

一般作物需钾高峰期出现在作物的生长旺盛期，如禾谷类作物分蘖到拔节期需要钾较多，其吸收量占总吸收量的60%～70%，开花期以后明显下降；棉花的最大需钾期是现蕾期至成铃阶段，约占60%；蔬菜作物（如茄果类）出现在花蕾期，梨树在果实发育期；葡萄在浆果着色初期。

需要注意的是，一般作物苗期是钾素的营养临界期，所以钾肥应早施。

三、肥料特性

不同钾肥种类的性质不同，如硫酸钾和氯化钾均为生理酸性肥料，适宜用于石灰性土壤，在酸性土壤上，应配合施用适量石灰等。氯化钾适宜用于水田，而不宜用于盐碱地。硫酸钾不宜用于水田。

四、气候条件

降水过多会引起土壤中水溶性钾流失，钾肥施用少量多次。

五、与氮、磷和有机肥配合施用

钾的肥效在氮、磷配合下，才能充分发挥出来。氮钾配施时植株体内K_2O/N比值增高，而可溶性非蛋白质氮占全氮的比例降低，说明氮钾配合施用可以促进水稻对氮、钾的吸收及其在体内保持一定的平衡，也促进了氮在体内的转化和蛋白质合成。

六、钾肥施用技术

严格控制用量。为避免土壤干湿交替引起的钾素固定，钾肥应深施，并且集中施用。钾素的营养临界期在苗期，钾肥以作基肥或早施追肥效果较好。

第十二章 土壤中的钙、镁、硫素及钙、镁、硫肥

钙、镁和硫是作物生长的必需营养元素。农业生产上施用含钙、镁和硫的石灰、石膏和硫黄等，除供给作物生长必需的钙、镁和硫等营养元素外，还有改良土壤的作用。

第一节 土壤中的钙、镁、硫素

一、土壤钙素

（一）土壤钙素的含量

地壳中钙的平均含量为 36.4g/kg,，土壤全钙含量变化很大，主要受成土母质、风化条件、淋溶强度、耕作利用方式的影响，不同的土壤差异很大。石灰性土壤钙含量很高，强酸性土壤钙含量较低。

（二）土壤钙素的形态

（1）矿物态钙

存在于矿物晶格中的钙，占全钙的 40%～90%，植物难以吸收利用；

（2）交换性钙

土壤胶体表面吸附钙，植物可利用的钙；

（3）溶液钙

土壤溶液中的钙离子，植物可利用的钙。

（三）土壤钙素的转化

矿物态钙风化后以离子形态进入土壤溶液，一部分被土壤胶体吸附成为交换性钙，而交换性钙与溶液中的钙处在动态平衡之中。

二、土壤镁素

（一）土壤镁素的含量

地壳中镁的平均含量为 19.3g/kg，土壤中全镁的含量主要受成土母质、风化条件的影响，不同的土壤差异很大。

（二）土壤镁素的形态

（1）矿物态镁

占全镁的 40%～90%，植物难以吸收利用；

（2）交换性镁

土壤胶体表面吸附的镁，植物可利用的镁；

（3）非交换性镁

能被酸提出的潜在镁；

（4）溶液镁

土壤溶液中的镁离子，植物可利用的镁。

（三）土壤镁素的转化

$$矿物态镁\leftrightarrow非交换性镁\leftrightarrow交换性镁\leftrightarrow溶液镁$$

三、土壤硫素

（一）土壤硫素的含量

土壤中全硫的平均含量为 26.0g/kg，主要受成土条件、粘土矿物和有机质的含量影响。温暖多湿地区，在强风化、强淋溶条件下，含硫矿物大部分分解淋失，可溶性硫酸盐很少集聚，硫主要存在于有机质中。干旱地区土壤中 Ca、Mg、K、Na 的硫酸盐则大量沉积在土层中，1∶1 型的粘土矿物、Fe 和 Al 的含水氧化物，有时能带正电荷，也能吸附一部分交换性的 SO_4^{2-}。

（二）土壤硫素的形态

（1）无机态硫：来自岩石的风化过程。包括：水溶性硫、吸附态硫、与碳酸钙共沉淀的硫化物（H_2S、FeS 等）。

（2）有机态硫：来自动、植物残体、微生物体及其分解合成的中间产物、土壤腐殖质。包括：HI 还原硫、碳链硫、惰性硫。

第二节　钙、镁、硫肥的种类与施用

一、含钙肥料

含钙肥料主要有石灰、熟石灰、碳酸石灰、石膏、其他含钙的磷肥、含钙的钾肥等。

钙质肥料具有中和土壤酸性，消除铝毒，增加土壤养分有效性和改善土壤物理性状的作用。常用钙质肥料是石灰，其用量决定于土壤酸度。石灰施用过量会导致土壤结构破坏，降低土壤 Fe、Mn、Cu、Zn、P 等的有效性。钙质肥料适于作基肥、追肥施用。

二、含镁肥料

含镁肥料主要有硫酸镁、氯化镁、钙镁磷肥、白云石粉、磷酸镁铵等。

镁肥适于作基肥、追肥、根外追肥施用。

三、含硫肥料

含硫肥料主要有石膏、硫黄、硫酸铵、硫酸钾、过磷酸钙等。

下面介绍硫肥的施用方法与技术。

（一）以提供硫素营养为目的的石膏施用技术

石膏可作基肥、追肥和种肥。旱地作基肥，一般每亩用量为15～26kg，将石膏粉碎后撒于地面，结合耕作施入土中。花生是需钙和硫均较多的作物，可在果针入土后15～30天施用石膏，通常每亩用量为15～25kg。稻田施用石膏，可结合耕地施用，也可于栽秧后撒施或塞秧根，一般每亩用量为5～10kg，若每亩用量在2.5kg以下，可用作蘸秧根。

（二）以改良土壤为目的的石膏施用技术

施用石膏必须与灌排工程相结合。在雨前或灌水前将石膏均匀施于地面，并耕翻入土，使之与土混匀，与土壤中的交换性钠起交换作用，形成硫酸钠，通过雨水或灌溉水，冲洗排碱。

第十三章 植物的微量元素营养与微量元素肥料

微量元素在植物体中含量虽然很少，但与大量元素同等重要，一旦缺乏会影响作物生长。微肥只有在施用大量元素的基础上施用，才能较好地发挥肥效。因此农业生产上合理配合施用大量元素肥料和微量元素肥料，才能更好地发挥肥料的增产效益。

第一节 植物的微量元素营养

一、微量元素在作物体内的特点

1. 作物对微量元素的需要量少，但从缺乏到过量的临界范围窄。

施用微肥稍有不足或供应过多都会对作物生长产生危害，尤其是微量元素供应过多，不仅会对作物生长产生危害，而且还会污染土壤，通过食物链对人畜产生危害，所以在施用微肥时一定要有针对性，控制好浓度和用量。

2. 微量元素在作物体内移动性小，即再利用率低，缺素症大都表现在幼嫩的部位。

这一点与 N、P、K 正好相反，N、P、K 在作物体内移动性大，再利用率高，缺素症最先表现在衰老的部位。

二、微量元素种类

（一）铁

1. 植物体内铁的含量和分布

大多数植物的含铁量在 100~300mg/kg（干重）之间，且随植物种类和植株部位而有差异。蔬菜作物含铁量较高，而水稻、玉米则相对较低。豆科植物含铁量比禾本科植物高。不同植株部位铁含量也不相同，如禾本科植物秸秆中铁含量要高于籽粒。

2. 铁的营养功能

(1) 叶绿素合成所必需

在多种植物体内，大部分铁存在于叶绿体中。铁不是叶绿体的组分，但合成叶绿素必须有铁存在。缺铁后幼叶失绿黄化。

(2) 参与体内氧化反应和电子传递

铁与某些有机物结合形成铁血红素或进一步合成铁血红素蛋白，其氧化能力即可提高千倍、万倍。这些不同种类的含铁蛋白质，作为重要的电子传递或催化剂，参与植物体内多种代谢活动。

固氮酶是豆科植物固氮所必需，它由两个非血红蛋白组成。其一为钼铁蛋白；其二为铁氧还蛋白。

(3) 参与植物呼吸作用

铁是一些与呼吸作用有关酶的成分，如细胞色素酶、过氧化氢酶、过氧化物酶等都含有铁。

3. 植物铁素失调的症状

顶端或幼叶失绿黄化，由脉间失绿发展到全叶淡黄白色

严重缺铁时，叶片出现坏死斑点，并且逐渐枯死。植物的根系形态会出现明显的变化，如根的生长受阻，产生大量根毛等。

亚铁的毒害表现为老叶上有褐色斑点，根部呈灰黑色，易腐烂。水稻亚铁中毒"青铜病"防治的方法是：适量施用石灰，合理灌溉或适时排水晒田等。也可选用优良品种。

(二) 硼

1. 植物体内硼的含量和分布

植物体内硼的含量变幅为 2～100mg/kg。一般双子叶植物的需硼量比单子叶植物高。

植物体内硼的分布规律是：繁殖器官高于营养器官；叶片高于枝条，枝条高于根系。硼比较集中的分布在子房、柱头等器官中。硼常牢固地结合在细胞壁结构中，在植物体内相对来说几乎是不移动的。

2. 硼的营养功能

(1) 促进体内碳水化合物的运输和代谢

硼能促进糖的运输的原因是：

① 合成含氮碱基的尿嘧啶需要硼，而 UDPG 是蔗糖合成的前体；

② 硼直接作用于细胞膜，从而影响蔗糖韧皮部装载；

③ 缺硼容易生成胼胝质，堵塞筛板上的筛孔，影响糖的运输。

供硼不足时，大量碳水化合物在叶片中积累，使叶片变厚、变脆，甚至畸形。植株顶部生长停滞，生长点死亡。

(2) 促进分生组织生长和核酸代谢

缺硼植物的分生组织受阻,根尖和茎尖首先受害,出现胡茬根,丛枝状。

缺硼时,细胞分裂素合成受阻,而IAA却大量积累。IAA积累原因:缺硼酚类化合物累积,IAA氧化酶活性降低;缺硼时,IAA的扩散和运输受阻。

(3) 促进生殖器官的建成和发育

硼能促进植物花粉的萌发和花粉管的伸长,减少花粉中糖的外渗。植物缺硼抑制了细胞壁的形成,花粉母细胞不能进行四分体分化,花粉粒发育不正常。

(4) 调节酚的代谢和木质化作用

硼与顺式二元醇可形成稳定的复合体,从而改变许多代谢过程,包括木质素的生物合成。硼还对多酚氧化酶所活化的氧化系统有一定的调节作用。缺硼时,多酚氧化酶活性提高,将酚氧化成黑色醌类化合物,使作物出现病症。如甜菜"腐心病"和花椰菜的"褐心病"等。

3. 植物硼素失调症状

(1) 茎尖生长点生长受抑制,严重时枯萎,甚至死亡。

(2) 老叶叶片变厚变脆、畸形,枝条节间短,出现木栓化现象。

(3) 根的生长发育明显受阻,根短粗兼有褐色。

(4) 生殖器官发育受阻,结实率低,果实小、畸形,缺硼导致种子和果实减产。

对硼比较敏感的作物会出现许多典型症状,如甜菜"腐心病"、油菜"花而不实"、棉花的"蕾而不花"、花椰菜的"褐心病"、小麦的"穗而不实"、芹菜的"茎折病"、苹果的"缩果病"等。

硼在植物体内的运输明显受蒸腾作用的影响,硼中毒的症状多表现在成熟叶片的尖端和边缘。

(三) 锰

1. 植物体内锰的含量和分布

植物正常含锰20~100mg/kg(干重),植物体内锰的含量高,变化幅度大,其原因可能是:

(1) 锰的吸收受植物代谢作用的控制,其他阳离子,尤其是Mg^{2+}能降低植物对Mn^{2+}的吸收;

(2) 植物吸锰常受环境条件的影响,尤其是土壤pH有明显的作用;

(3) 植物各生育期以及各器官中锰的含量有较大的变化。

植物主要吸收的是Mn^{2+},它在植物体内移动性不大。

2. 锰的营养功能

（1）直接参与光合作用

在光合作用中，锰参与水的光解和电子传递。锰是维持叶绿体结构所必需的元素。

锰能控制细胞液的氧化还原电位，从而调控植物体中 Fe^{3+} 和 Fe^{2+} 的比例。

（2）多种酶的活化剂

锰对呼吸作用有重要意义：

① 在三羧酸循环中，Mn^{2+} 可以活化许多脱氢酶；

② 锰作为羟胺还原酶的组分，参与硝态氮的还原过程；

③ 锰是核糖核酸聚合酶、二肽酶、精氨酸酶的活化剂，促进肽与蛋白质的合成；

④ 在各种植物体中都有含锰的超氧化物歧化酶（Mn－SOD），能够稳定叶绿素及保护光合系统免遭活性氧毒害；

⑤ 锰还能在吲哚乙酸（IAA）氧化反应中提高吲哚乙酸氧化酶的活性。

（3）促进种子萌发和幼苗生长

锰对生长素促进胚芽鞘生长的效应有刺激作用；锰对维生素的形成及加强茎的机械组织有良好作用；此外，锰对根系生长也有影响。

3. 植物锰素失调的症状

植物缺锰时，幼叶脉间失绿黄化，叶脉保持绿色，有褐色小斑点散布于整个叶片，例如燕麦"灰斑病"、豆类"褐斑病"、甜菜"黄斑病"。缺锰植株往往有硝酸盐累积。

中毒症状：老叶失绿区中有棕色斑点，诱发其他元素的缺乏症。锰中毒会诱发棉花和菜豆发生缺钙（皱叶病）。锰过多也易出现缺铁症状。

（四）铜

1. 铜在植物体内的含量和分布

铜在作物体内含量甚微，一般为 10～20mg/kg，主要分布在植物幼嫩部分，种子、新叶中含铜较多，老叶和茎中含量则较少。

2. 铜的营养作用

（1）铜是作物体内某些氧化酶的组分，如抗坏血酸氧化酶、多酚氧化酶等，对氧化还原反应起催化作用。

（2）铜能提高叶绿素的稳定性，避免过早遭受破坏，促进叶片更好地进行光合作用。因此，缺铜叶片易失绿，从幼叶的叶尖开始，以后干枯，禾谷类作物不能结实。

3. 植物铜素失调的症状

生长瘦弱，新叶失绿发黄，叶尖发白卷曲，叶缘灰黄，叶片出现坏死斑点；禾本科顶端发白枯萎，繁殖器官发育受阻，不结实或只有秕粒，果树"郁汁病"或"枝枯病"等。

中毒症状：叶尖及边缘焦枯，至植株枯死。

（五）锌

1. 锌的含量和分布

植物正常含锌量为25～150mg/kg，含量因植物种类及品种不同而有差异。在植株体内锌多分布在茎尖和幼嫩的叶片。根系的含锌量常高于地上部分。作物含锌量低于20mg/kg时，就会出现缺锌症状。

2. 锌的营养功能

（1）某些酶的组分或活化剂

锌是许多酶的组分，如乙酸脱氢酶、铜锌氧化物歧化酶、碳酸酐酶和RNA聚合酶都含有结合态锌。锌也是许多酶，如磷酸甘油脱氢酶、乙醇脱氢酶和乳酸脱氢酶的活化剂。

（2）参与生长素的代谢

锌能促进吲哚乙酸和丝氨酸合成色氨酸，而色氨酸是生长素的前身。缺锌时，作物体内吲哚乙酸合成锐减。作物生长发育停滞，叶片变小，节间缩短（"小叶病"或"簇叶病"）。

（3）参与光合作用中CO_2的水合作用

碳酸酐酶（CA）可催化植物光合作用过程中CO_2的水合作用，而锌是碳酸酐酶专性活化离子。锌也是醛缩酶的激活剂，而醛缩酶则是光合作用碳代谢过程中的关键酶之一。

（4）促进蛋白质代谢

锌是蛋白质合成中多种酶的组分。RNA聚合酶中即含有锌，植物缺锌的一个明显特征是体内RNA聚合酶的活性降低。锌还是核糖和蛋白体的组成成分，而且也是保持核糖核蛋白结构完整性所必需的。作为谷氨酸脱氢酶的成分，锌还是合成谷氨酸不可缺少的元素。

（5）促进生殖器官发育

锌大部分集中在种子胚中，锌对生殖器官发育和受精作用都有影响。

3. 植物锌素失调的症状

植物缺锌时，植株矮小，节间短，生育期延迟；叶小，簇生；新叶叶片脉间失绿或白化。

典型症状：水稻"矮缩病"、玉米"白苗病"、柑橘"小叶病"、"簇叶病"等。

植物对缺锌的敏感程度因其种类不同而有所差异。禾本科作物中玉米和水稻对锌最为敏感，通常可作为判断土壤有效锌丰缺的指示植物。

中毒症状：叶片黄化，出现褐色斑点。一般认为植物含锌量＞400mg/kg时，就会出现锌的毒害。

（六）钼

1. 钼的含量和分布

钼是作物体内含量最少的元素，一般在1mg/kg左右。

豆科作物含钼量＞非豆科作物，以根瘤中含钼最多，其次为种子和叶片。小麦等叶片中含量较多。

2. 钼的营养作用

（1）钼是固氮酶的组分，促进豆科作物固氮。

（2）钼是硝酸还原酶的组分，促进氮代谢及光合作用。

（3）钼能减少铁（铝）毒害，促进无机磷转化为有机磷。

3. 植物钼素失调的症状

作物缺钼的共同特征：叶片畸形、瘦长、螺旋状扭曲，生长不规则；老叶脉间淡绿发黄，有褐色斑点，变厚焦枯，如花椰菜、烟草"鞭尾状叶"、豆科植物"杯状叶"，且不结或少结根瘤。

植物能忍受相当高的钼，植株含钼高达几百毫克/千克也不一定表现中毒，但超过15mg/kg时，如用作饲料可使牲畜中毒。茄科叶片失绿，番茄和马铃薯小枝上产生红黄色或金黄色，花椰菜呈深紫色。

（七）氯

1. 氯在植物体内的含量和分布

植物生理功能需氯仅为340～1200mg/kg（干重），由于氯在土壤、水、肥料等中广泛存在，一般含氯高达0.2%～2%。

生育前期，尤其苗期含氯量高于成熟期，茎叶高于籽粒。

2. 氯的营养作用

参与光合作用；酶的活化剂及某些激素的组分；调节细胞渗透压和气孔运动；提高豆科植物根系结瘤固氮；减轻多种真菌性病害。

3. 植物氯素失调的症状

植物缺氯比较少，除喜氯作物，棕榈科植物（如椰子树、鱼尾葵等）叶片出现失绿黄斑。

一般毒害现象较常见。

中毒症状：叶尖、叶缘呈灼烧状，并向上卷曲，老叶死亡，提早脱落。如烟草叶色浓绿，叶缘向上卷曲，叶片肥厚、脆性、易破碎。

第二节 土壤中的微量元素

一、土壤中微量元素的含量

除 Fe 以外，其他微量元素在土壤中的含量都处在几毫克每千克到几百毫克每千克之间，但土壤中 Fe 的含量达到 4%。

土壤中微量元素的含量主要取决于成土母质，不同母质发育上土壤微量元素的含量差异很大，由花岗岩、片麻岩、砂岩发育的土壤，B 的含量低，而石灰岩、页发育的土壤 B 的含量高。

土壤质地会影响到微量元素的含量，一般砂质土壤含量较少。

土壤 OM 含量也会影响到微量元素的含量，一般微量元素含量随土壤 OM 含量增加而增加，但超过一定范围（15%），反而减少，如纯泥炭中微量元素含量较低。

二、土壤中微量元素的形态

（一）土壤中微量元素的形态

水溶态：存在于土壤溶液中的微量元素，有效态；

交换态：土壤胶体表面吸附的微量元素，除 Mo 外均为有效态；

氧化物结合态：以氧化物形态存在的微量元素，部分有效；

有机结合态：与有机质结合的微量元素，部分有效；

矿物态：存在原生矿物或次生矿物组成和结构中的微量元素，无效态。

（二）影响土壤中微量元素有效性的因素

土壤中微量元素供应不足原因有：绝对含量低（土壤母质、类型决定）；有效性低（土壤环境条件决定）。影响土壤中微量元素有效性的土壤环境因素主要有以下几个方面。

（1）土壤酸碱度：酸性条件下，Fe、Mn、Zn、Cu、B 有效性高；而碱性条件下，Mo 的有效性高。

（2）土壤的氧化还原电位：土壤的 Eh 主要对一些变价元素的有效性影响大。比如 Fe、Mn，还原条件下以 Fe^{2+}、Mn^{2+} 形式存在，有效性高，甚至会产生中毒现象；氧化条件下以 Fe^{3+}、Mn^{4+} 形式存在，有效性低。

（3）土壤有机质：有机质具有离子交换能力和配合能力，一般来讲，被有机质吸附的微量元素有效性高；而与有机质通过配合作用形成螯合物的微量元素，有效性低，只是部分有效。

(4) 土壤质地：质地粗的土壤微量元素本身含量低，同时由于通气良好，某些微量元素（Fe、Mn）以高价态存在，有效性低。

(5) 土壤水分：通过影响 Eh，间接影响微量元素的有效性。有硫酸盐存在时，若 Eh 低，$SO_4^{2-} \rightarrow S^{2-}$，形成 FeS、MnS 等，降低有效性。淹水后，有机质分解缓慢，铜等易被有机质紧密吸附固定。

(6) 土壤的微生物：土壤中微生物的活动对微量元素的有效性有直接或间接的影响。

① 微生物能促使有机分解，使有机结合态的微量元素分解释放出来，增加微量元素的有效性。

② 微生物与高等植物竞争土壤中微量元素，使微量元素固定在微生物体内，暂时降低微量元素的有效性。

③ 通过 pH、Eh 的影响，间接影响微量元素的有效性。

第三节　微量元素肥料及施用

一、微量元素肥料的种类及性质

（一）铁肥

无机铁肥主要有硫酸亚铁（$FeSO_4 \cdot 7H_2O$，含铁 20%）、硫酸亚铁铵 [$(NH_4)_2SO_4 \cdot FeSO_4 \cdot 6H_2O$，含铁 14%] 等。

螯合铁肥主要有 FeEDTA（含铁 9%～12%）、FeEDDHA（含铁 6%）等。螯合铁价格较贵，因而施用成本高。目前施用的螯合铁有腐殖酸铁和氨基酸螯合铁等。

（二）硼肥

常用硼肥有硼酸、硼砂等。

(1) 硼酸（H_3BO_3）：含硼（B）17.5%、白色结晶或粉末状，溶于水。

(2) 硼砂（$Na_2B_4O_7 \cdot 10H_2O$）：含硼（B）11%，性状同硼酸。

(3) 硼泥：含硼（B）1%～2%，是工业废渣，碱性。

（三）锰肥

常用锰肥有硫酸锰（$MnSO_4 \cdot 3H_2O$）和氯化锰（$MnCl_2 \cdot 4H_2O$）。

硫酸锰含锰（Mn）26%，粉红色结晶，易溶于水。

氯化锰含锰（Mn）27%，性质与硫酸锰相同。

（四）铜肥

常用铜肥有硫酸铜（$CuSO_4 \cdot 5H_2O$），含铜量（Cu）25%，为蓝色结

晶，易溶于水。

（五）锌肥

常用锌肥有：硫酸锌（$ZnSO_4·H_2O$），含锌（Zn）35%；氯化锌（$ZnCl$），含锌（Zn）48%，一般为白色结晶，易溶于水。

（六）钼肥

常用钼肥有：钼酸铵［$(NH_4)_6MoO_4·4H_2O$］，含钼（Mo）54%；钼酸钠（$Na_2MoO_4·2H_2O$），含钼（Mo）35%。它们都是水溶性钼肥，钼肥主要施在豆科作物和十字花科作物上，肥效显著。

二、影响微肥有效施用的条件

（一）土壤因素

土壤中微量元素供应不足，主要原因有两方面。

（1）土壤中微量元素的含量偏低：土壤中微量元素的含量主要受成土母质的影响，因为不同母质发育的土壤微量元素含量差异很大。比如，由花岗岩发育的土壤，无论是全 B 含量还是有效 B 含量都很低，易缺 B；黄土母质发育的土壤 Mo 的含量低，易缺 Mo。

（2）土壤条件不良，使土壤中微量元素处在难于被吸收利用的状态：微量元素在土壤中的形态主要受土壤酸碱反应的影响，因为土壤的酸碱度会影响到微量元素在土壤中的溶解和沉淀，从而影响到微量元素的有效性。在碱性条件下，会引起 Fe、Mn、Zn、Cu、B 等养分的沉淀，从而导致这些养分的缺乏；在酸性条件下，会促进土壤对 Mo 的吸附，缺 Mo 多发生在酸性土壤上。

（二）作物的种类

不同的作物对微量元素的需要量不同，一般来讲豆科作物、十字花科作物对微量元素的需要量比禾本科作物大，首先容易感受到土壤中微量元素供应不足，对施用微肥有良好的反应。

（三）N、P、K 化肥的施用水平

N、P、K 化肥施用水平越高，作物生长越旺盛，对微量元素的需要量越多，越容易感受到土壤中微量元素相对供应不足。而 N、P、K 化肥尤其是含幅成分少的高效复合肥，随肥料带入土壤中微量元素远远不满足作物生长发育，这时也会产生微量元素的缺乏。所以不仅在缺乏微量元素的低产田上有微量元素供应不足的问题，在 N、P、K 化肥施用水平比较高的高产田块上，同样存在微量元素供应不足的问题。

（四）有机肥料的施用量

有机肥料中含有一定的微量元素，施用有机肥料能有效地减轻和预防微量元素的缺素症。

三、微肥的一般施用技术

微肥的施用方法很多,可以基肥、种肥、追肥施入土壤,也可直接施在植物体的某个部位,所以可以把施用微肥的方法分为土壤施肥和植物体施肥。

(一)土壤施肥

可溶性微肥施入土壤后,部分易被固定,但施入的微肥不仅当年有效,还有后效,故土壤施微肥可隔一至数年施用一次。微肥施用量少,施用时须均匀,可以把微肥与干土或与化学肥料、有机肥料拌匀后一起施用。

(二)植物体施肥

是施用微肥最常用的方法,包括:拌种、浸种、蘸秧根、叶片喷施。

四、微肥施用时应注意的问题

(一)施用要均匀,要控制好浓度和用量

因为微量元素从缺乏到过量的临界范围小,施用不均匀或浓度过高会对作物产生毒害作用。

(二)注意改善土壤的环境条件,尤其是土壤的酸碱反应

微量元素在土壤中的有效性很大程度上受土壤环境条件影响,尤其是土壤的酸碱反应,改善土壤环境条件可提高微量元素的有效性。如海南酸性土壤中钼的有效性低,可施用石灰来减轻缺钼症状。

(三)注意不同作物对微量元素的反应

有些时候土壤中的微量元素对一种作物来说是缺乏的,但对另外一种作物来说则可能是充足的,不能在任何作物上都盲目地施用微肥。比如,在缺 B 的地区,首先建议在油菜、甜菜上施用 B 肥,不能盲目地在其他作物上施用 B 肥;缺 Mo 的土壤应建议首先在豆科作物上施用 Mo 肥,不能在其他作物上盲目施用 Mo 肥。

(四)微肥与其他肥料混合时,要注意微肥、其他肥料产生不利的化学反应

比如 ZnO、$ZnSO_4$ 与磷肥混合时会生成难溶性的 $Zn_3(PO_4)_2$,降低 Zn 的有效性,所以 Zn 肥不能与磷肥,尤其是水溶性磷肥混合施用。

(五)配施大量元素肥料

微肥只有在施用大量元素的基础上施用,才能较好地发挥肥效。

第十四章　复混肥料

随着农业生产的发展和科学技术的进步，世界化肥生产正朝着高效化、复合化、液体化、缓效化方向发展，总趋势是发展高效复混肥料，而且复混肥料的生产有利于推广测土施肥、平衡施肥、配方施肥等科学施肥技术，减少施肥次数，节省施肥成本。因此复混肥料是科学施肥与化肥工业发展的必然产物，尤其在现代农业生产中，有着非常广阔的发展前景。

第一节　概　述

一、概念

所谓复混肥料（complex fertilizer），是指肥料组分中含有氮、磷、钾三种养分元素中至少两种的化学肥料。

二、养分含量的表示方法

表示方法是用阿拉伯数字按 $N-P_2O_5-K_2O$ 顺序标出 N、P_2O_5、K_2O 各自在复混肥料中所占的百分率。如 10-10-10 表示此种复混肥料中 N、P_2O_5、K_2O 的含量均为 10%；"0" 表示不含该营养元素，如 15-15-0 表示此种复混肥料中 N、P_2O_5 的含量各占 15%，K_2O 的含量为 0。对于多元复混肥料，2002 年 1 月 1 日实施的复混肥料国家标准规定，若加入中量元素或微量元素，不在包装容器或质量证明书上标明（有国家标准或行业标准规定的除外），所以表示方法如前所述。如果复混肥料中氯离子含量大于 3.0%，必须在包装容器上标明。

复混肥料的总养分含量仅为其中 N、P_2O_5 和 K_2O 的含量之和，其他养分元素不计入，如 15-15-15 表示此种复混肥料总养分含量为 45%；15-15-0 为 30%。

三、分类

根据不同的分类标准，复混肥料可以分为不同的种类，主要分类方法有如下几种：

（一）按生产工艺可分为复合肥料和混合肥料

复合肥料是指工艺流程中通过化学方法而制成的，也称化成复合肥料，如磷酸铵等。其特点是性质稳定，但其中的氮、磷、钾等养分比例固定，难以适应不同土壤和不同作物的需要，在施用时需配合单质化肥。因此，复合肥料直接施用较少，通常是作为配制混合肥料的基础肥料。

混合肥料是以单质化肥或复合肥料为基础肥料，通过机械混合而成，工艺流程以物理过程为主，也有一定的化学反应，但并不改变其养分基本形态和有效性。其优点是可按照土壤的供肥情况和作物的营养特点分别配制成氮、磷、钾养分比例各不相同的混合肥料，但其缺点是混合时可能引起某些养分的损失或某些物理性质变坏。

按混合肥料的加工方式和剂型又可以分为粉状混合肥料、粒状混合肥料、粒状掺合肥料、清液混合肥料和悬浮液混合肥料等类型。

（二）按所含营养元素的种类或其他有益成分可分为二元、三元、多元和多功能复混肥料

含有氮、磷、钾三要素中任意两种的化学肥料称为二元复混肥料；同时含有氮、磷、钾三要素的化学肥料称为三元复混肥料；在复混肥料中添加一种或几种中量元素或微量元素的化学肥料称为多元复混肥料；在复混肥料中添加植物生长调节物质、农药、除草剂等的化学肥料称为多功能复混肥料。

（三）按总养分含量可分为低浓度、中浓度、高浓度和超高浓度复混肥料

化学肥料中总养分含量达到25%～30%的为低浓度复混肥料，30%～40%的为中浓度复混肥料，40%以上的为高浓度复混肥料，100%以上的为超高浓度复混肥料。

（四）按适用范围可分为通用型和专用型复混肥料

通用型复混肥料适用的地域及作物的范围比较广泛，针对性不强；专用型复混肥料仅适用某一地域的某种作物，针对性强，养分利用率高，肥效较好，因此专用型复混肥料发展很快，种类也愈来愈多，如水稻专用肥、烟草专用肥等。

四、特点

（一）优点

1. 养分种类多，含量高，副成分少

复混肥料至少含有氮、磷、钾三要素中的两种，养分种类比单质肥料多，因此施用复混肥料可同时供给作物多种养分，满足作物生长需要，且

有利于发挥营养元素之间的协助作用，减少损失，提高肥料利用率。有效成分高，副成分必然少，因此只要施用合理，对土壤一般不会产生不良影响。

2. 物理性状较好

复混肥料一般制成颗粒状，有些还制成包膜肥料，因而吸湿性明显降低，便于贮存、运输和施用，尤其适合现代机械化施肥。

3. 节省费用

节省包装、贮存、运输和施用等费用。

（二）缺点

1. 养分比例固定

很难完全适用于不同土壤和不同作物，所以复混肥料最好根据当地的土壤供肥情况和作物营养特点配制成专用肥，充分发挥复混肥料的增产作用。

2. 难以满足不同肥料施肥技术不同的要求

复混肥料的各种养分只能采用相同的施肥时期、施肥方式，并且施在相同深度，这样就很难充分发挥各种营养元素的作用。

五、发展简况

（一）世界复混肥料发展简况

复混肥料的生产和施用始于 20 世纪 20 年代某些工业发达国家，之后迅速发展。据 FAO 肥料年鉴的统计，1989～1990 年度世界发达国家以复混肥料形态的 N、P_2O_5、K_2O 分别占肥料消费总量的 20.4%～87.7%、79.2%～98.3%、36.5%～99.6%。目前世界上已有 100 多个国家和地区广泛施用复混肥料。

世界复混肥料发展总趋势是高浓度、多功能、专用化、缓效化。复混肥料的总养分含量不断提高，如现在美国等发达国家已经生产出总养分含量超过 90% 的复混肥料。早期的复混肥料仅限于氮、磷、钾三要素，现在已发展成添加中量元素或微量元素的多元复混肥料，还有添加植物生长调节物质、农药、除草剂等多功能复混肥料。农业迅速发展要求农作物施肥更加科学、合理，因此根据土壤类型、农作物种类和品种、气候条件和耕作栽培制度等因素生产的各种专用型复混肥料正逐渐替代针对性较差的通用型复混肥料。以缓效单质肥料生产的复混肥料以及各种包膜复混肥料，使养分供应持续、稳定，减少养分损失与固定，提高肥料利用率，已经成为当今研制开发的热点。

（二）我国复混肥料发展简况

1. 我国复混肥料生产和施用起步较晚，发展也非常缓慢，直到 80 年代中期复混肥料生产和施用才初具规模。目前我国复混肥料的消费水平仍然低于世界平均消费水平（超过化肥的1/3），与美国等发达国家相比差距更大。

2. 国产复混肥料仍然以中、低浓度为主。

由于我国生产复混肥料的基础肥料有效养分浓度较低，注定复混肥料产品的总养分含量不高。

3. 复混肥料消费中进口复混肥料占相当比重。

由于进口复混肥料的外观质量、防结块性以及溶解度等都优于国产复混肥料，目前在复混肥料的消费总量中，进口的仍然占50%左右。

我国磷酸盐工业的基础薄弱，钾肥资源匮缺，加上低水平的农化服务以及小而分散的农业规模等，这些无疑将抑制我国复混肥料工业的高速发展。尽管如此，我国复混肥料的发展前景仍然乐观，因为现代农业生产需要越来越多的复混肥料，而且我国复混肥料的生产工艺技术也在不断提高。

第二节　混合肥料生产

在生产上，根据土壤供肥特点和作物的营养需要，常常需要把两种以上的肥料（单质肥料或复混肥料）混合施用，也可制成掺混肥料施用。但是并不是所有的肥料都可以任意混合，能否混合必须遵循一定的原则。

一、肥料混合的原则

在选择基础肥料时必须遵循以下原则：

（一）混合后肥料的临界相对湿度较高

肥料的吸湿性以其临界相对湿度来表示，即在一定的温度下，肥料开始从空气中吸收水分时空气的相对湿度。一般肥料混合后临界相对湿度比混合前任一基础肥料都低，所以吸湿性增加。例如，硝酸铵的临界相对湿度为59.4%（图14-1），尿素为75.2%，而两者混合后仅为18.1%，临界相对湿度大大降低。因此，在选择基础肥料时要求临界相对湿度尽可能高。

（二）混合后肥料的有效养分不受损失

肥料混合过程中由于肥料组分之间发生化学反应，导致养分损失或有效性降低。

铵态氮肥（如硫酸铵、磷铵、硝酸铵等）、腐熟的有机肥（如粪尿水、堆肥等）不应与钙镁磷肥、草木灰等碱性肥料混合，以免发生氨挥发。其反应如下：

$$NH_4NO_3 + K_2CO_3 \rightarrow KNO_3 + (NH_4)_2CO_3$$

$$(NH_4)_2CO_3 \rightarrow 2NH_3\uparrow + CO_2\uparrow + H_2O$$

$$(NH_4)_2SO_4 + CaO \rightarrow CaSO_4 + 2NH_3 + H_2O$$

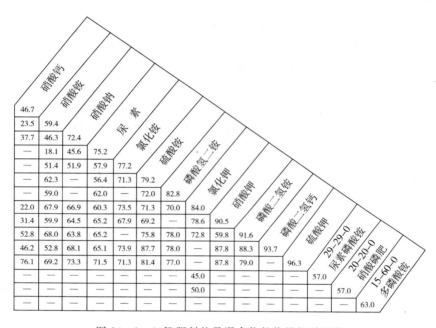

图 14-1　30℃肥料盐及混合物的临界相对湿度

硝态氮肥（如硝酸铵，硝酸钙等）不应与过磷酸钙或未腐熟的有机肥（如植物油饼等）混合，否则易发生反硝化脱氮。硝态氮肥不能直接与氯化钾、过磷酸钙等混合，因为容易生产吸湿性更强的硝酸钙等。其反应如下：

$$2NH_4NO_3 + Ca(H_2PO_4)_2 \rightarrow Ca(NH_2)_2(HPO)_2 + N_2O\uparrow + 3H_2O$$

$$2NH_4NO_3 + 2C（未腐熟的有机肥中的碳） \rightarrow N_2O\uparrow + (NH_4)_2CO_3 + CO_2\uparrow$$

尿素不应与豆饼类有机肥混合，因为豆饼类有机肥中含有脲酶，相合后加速尿素的水解，造成氨挥发损失。尿素也不能与过磷酸钙直接混合，因尿素与过磷酸钙发生加合反应，使混合物含水量迅速增加，导致无法造粒。可以先用5%～10%的碳铵氨化过磷酸钙，再与尿素混合，即可以消除直接相合的不良影响。

速效磷肥（如过磷酸钙、重过磷酸钙等）不应与碱性肥料混合，特别

是含钙的碱性肥料,容易引起速效磷的退化,其反应如下:

$$Ca(H_2PO_4)_2 + CaO \rightarrow 2CaHPO_4 + H_2O$$

$$2CaHPO_4 + CaO \rightarrow Ca_3(PO_4)_2 + H_2O$$

因此在选择原料时,必须注意各种肥料混合的宜忌情况(如图 14-2 所示)。

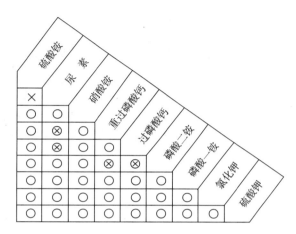

图 14-2 常用肥料混合相合性判别图

注:×表示不可混合;⊗表示可以暂时混合但不宜久置;○表示可以混合

二、混合肥料的配制

由基础肥料(单质化肥或复合肥料)配制成不同氮、磷、钾比例的混合肥料可以根据土壤和作物的供需情况以及基础肥料的养分含量进行配比计算,并注意肥料的相合性。

例 14-1 配制 16-6-6 的混合肥料 1000kg,需用尿素(含 N46%)、过磷酸钙(含 P_2O_5 12%)、氯化钾(含 K_2O 60%)及填料各多少千克?

解 (1)计算 1000kg 混合肥料中纯 N、P_2O_5、K_2O 的千克数。

$$N = 1000 \times 16\% = 160$$

$$P_2O_5 = 1000 \times 6\% = 60$$

$$K_2O = 1000 \times 6\% = 60$$

(2)计算需用的基础肥料的用量。

设需用尿素、过磷酸钙、氯化钾分别为 X、Y、Z 千克,则

$$X \cdot 46\% = 160$$

$$Y \cdot 12\% = 60$$
$$Z \cdot 60\% = 60$$

解上述方程得：$X=350$，$Y=500$，$Z=100$。

（3）计算填料用量。

$$填料 = 1000 - X - Y - Z = 1000 - 350 - 500 - 100$$
$$= 50（一般用泥炭或硅藻土等）$$

所以配制 16－6－6 的混合肥料 1000kg，需尿素 350kg，过磷酸钙 500kg，氯化钾 50kg，填料 50kg。

若用上述肥料生产 10－10－10 的混合肥料 1000kg，经计算需尿素 217kg，过磷酸钙 833kg，氯化钾 167kg。结果显示所有基础肥料的投入量超过 1000kg，说明不能用这些肥料生产这种混合肥料，必须改用高浓度化肥，如用磷铵代替过磷酸钙等。所以在选择基础肥料时，还应根据总养分浓度选择合适的肥料。

第三节 复混肥料的施用

一般来说，施用复混肥料应考虑以下几个问题：

一、作物类型

按照不同作物营养特点选用适宜的复混肥料品种，对于提高作物产量、改善品质具有非常重要的意义。一般粮食作物以提高产量为主，对养分需求一般是氮＞磷＞钾，所以宜选用高氮、低磷、低钾型复混肥料；经济作物多以追求提高品质为主，对养分需求一般是钾＞氮＞磷，所以宜选用高钾、中氮、低磷的复混肥料；豆科作物宜选用磷钾较高的复混肥料；烟草、茶叶等耐氯力弱的作物，宜选用含氯较少或不含氯的复混肥料。

在轮作中，上下茬作物适宜施用的复混肥料品种也应有所不同。如在南方水稻轮作制中，同样在缺磷的土壤上，磷肥的肥效往往是早稻好于晚稻，而钾肥的肥效则相反。在北方小麦－玉米轮作中，小麦苗期正处于低温生长阶段，对缺磷特别敏感，需选用高磷复混肥料；而夏玉米因处于高温多雨生长季节，土壤释放的磷素相对较多，且可利用前茬中施用磷肥的后效，故宜选用低磷复混肥料。若前茬作物为豆科作物，则宜选用低氮复混肥料。

还要注意作物在不同生育期对养分的需求不同，如苗期对磷、钾较敏感，宜选用磷钾较高的复混肥料；而旺长期对氮肥需要较多，宜选用高氮、低磷、低钾的复混肥料或单质氮肥。

二、土壤类型

土壤养分以及理化性质不同，适用的复混肥料也不同。

（一）水田与旱地

一般是水田优先选用氯磷铵钾，其次是尿素磷铵钾、尿素钙镁磷肥钾、尿素过磷酸钙钾等品种，不宜选用硝酸磷肥系复混肥料；旱地则优先选用硝酸磷肥系复混肥料，也可选用尿素磷铵钾、氯磷铵钾、尿素过磷酸钙钾，而不宜选用尿素钙镁磷肥钾等品种。

（二）土壤酸碱性

在石灰性土壤上宜选用酸性复混肥料，如硝酸磷肥系、氯磷铵系等品种，而不宜选用碱性复混肥料，如氯铵钙镁磷肥系等；酸性土壤则相反。

（三）土壤养分供应状况

在某种养分供应水平较高的土壤上，选用该养分低的复混肥料；相反在某种养分供应水平较低的土壤上，则选用该养分高的复混肥料。

三、复混肥料的养分形态

酰胺态氮在脲酶的作用下，很快转化为碳酸氢铵。铵态氮易被土壤吸附，不易淋失，所以含铵态氮和酰胺态氮的复混肥料在旱地和水田都可施用，但应深施覆土，减少氮素损失；硝态氮在水田中易淋失或反硝化损失，故含硝态氮的复混肥料宜施于旱地。

复混肥料中磷素有水溶性磷和枸溶性磷。含水溶性磷的复混肥料在各种土壤上都可施用，而含枸溶性磷的复混肥料更适合在酸性土壤上施用。还需考虑的是在缺磷的土壤上水溶性磷应较高，酸性土壤一般要求水溶性磷为30%～50%，石灰性土壤为50%以上。

复混肥料中钾素有硫酸钾和氯化钾，从肥效来说两者基本相当，但对某些耐氯力弱的作物如烟草等，氯过量对其品质不利，所以在这一类作物上应慎用，考虑到硫酸钾的价格比氯化钾高，在不影响品质的前提下选用一定量的氯化钾可减少生产成本，提高经济效益。含氯较高的复混肥料也不宜施用在盐碱地上，干旱和半干旱地区的土壤也应限量施用。

四、复混肥料施用时期以及方法

作基肥或种肥效果较好。复混肥料作基肥要深施覆土，防止氮素损失，施肥深度最好在根系密集层，利于作物吸收。复混肥料作种肥必须将种子和肥料隔开5cm以上，否则会影响出苗而减产。施肥方式有条施、穴施、全耕层深施等，在中低产田上，条施或穴施比全耕层深施效果更好，尤其是以磷、钾为主的复混肥料穴施于作物根系附近，既便于吸收，又减少固定。

五、合理施用量

计算时以复混肥料满足最低用量的养分元素为准，其余养分用单质化肥补充。

例 14-2 计划每公顷基肥施氮（N）75kg，磷（P_2O_5）60kg，钾（K_2O）75kg，计算需要多少养分含量为 15-15-15 的复混肥料和其他单质化肥？

解 由于复混肥料中氮、磷、钾养分含量相同，而磷需要量最少，所以根据磷用量计算复混肥料用量。

（1）计算 60kg 磷素需复混肥料量。

$$60 \div 15\% = 400 \text{kg}$$

（2）计算 400kg 复混肥料中所含氮、钾的量及其需要补充的量

$$含氮量 = 400 \times 15\% = 60 \text{kg}$$

$$含钾量 = 400 \times 15\% = 60 \text{kg}$$

$$需补充氮素 = 75 - 60 = 15 \text{kg}$$

$$需补充钾素 = 75 - 60 = 15 \text{kg}$$

若用尿素（含 N46%）和氯化钾（含 K_2O 60%）补充氮、钾，则：

$$需尿素 = 15 \div 46\% = 33 \text{kg}$$

$$需氯化钾 = 15 \div 60\% = 25 \text{kg}$$

试计算若用 75kg 氮或钾计算需要多少复混肥料，复混肥料中所含磷素将过量造成浪费（$75 \div 15\% \times 15\% = 75 > 60$）。如果要求施入的氮、磷、钾养分量不同，复混肥料中氮、磷、钾养分含量也不同，难以直接观察判断以哪种养分计算复混肥料的用量，可以根据要求施入的氮、磷、钾养分量分别计算所需的复混肥料用量，再以最低复混肥料用量计算其他养分的含量，不足的部分用单质化肥补充。

第十五章 有机肥料

有机肥除能提供作物养分、维持地力外，在改善作物品质、培肥地力等方面是化肥无法代替的；而且有机肥具有使农业生态系统中各种养分资源得以循环、再利用和净化环境的重要作用。

第一节 有机肥料概述

一、概念

有机肥料是农村中就地取材、就地积制的自然肥料的总称，又称农家肥料。它的来源极为广泛，品种也相当繁多。

二、有机肥料的种类

根据有机肥的来源、特性和积制方法，一般把有机肥分为以下几种。
（1）粪尿肥：人粪尿、家畜粪尿与厩肥、禽粪；
（2）堆沤肥：堆肥、沤肥、秸秆还田、沼气肥；
（3）绿肥：栽培绿肥、野生绿肥；
（4）杂肥：泥炭、腐殖酸、垃圾肥、城市污泥、污水、饼肥类等。

三、有机肥料在农业生产中的作用

（一）能提供植物养分

有机肥料中含有各种矿物质养分，既有大量元素，也有微量元素，这些养分经微生物分解后能挥放出来，供作物吸收利用，另外还含有少量的有机态养分。比如氨基酸、酰胺等能被作物直接吸收利用。

（二）有机肥料能改善土壤结构

培肥土壤，提高土温，增加土壤的保水、保肥性，增加土壤的缓冲性能，提高土壤生物活性等，起到改善植物营养环境的作用。

（三）促进作物生长

有机肥中含有维生素、激素、酶等，促进作物生长和增强抗逆性。

（四）能提高作物产量

改善农产品品质，可能与有机肥平衡供给养分有关。

（五）减轻环境污染

合理利用有机肥（人、畜粪尿等）可减少环境污染。有机肥还可通过提高土壤的吸附力来消除或减弱农药对作物的毒害。

四、有机肥料与化学肥料的特点比较

有机肥（中药）：养分全面；肥效缓慢但持久；改良土壤；既能促进植物生长，又能保水、保肥。

化肥（西药）：养分较单一，含量高；肥效快而猛，但短暂；过量施用易导致土壤板结；不具有保水、保肥作用，而且易挥发、淋失、固定而降低利用率。

所以有机肥与化肥配施，可取长补短、缓急相济。

第二节 有机肥料的腐熟与管理

有机肥料堆制或沤制的过程称为腐熟过程，一般北方以堆肥为主，南方以沤肥为主。

一、有机肥腐熟的原因

(1) 未腐熟的有机肥中养分多是迟效性的，作物不能直接吸收利用；

(2) 未腐熟的有机肥 C/N 高，施入土壤与作物争氮；

(3) 未腐熟的有机肥能传播病菌、虫、卵等。

(4) 促使材料物理性状发生改变，体积缩小，便于施用。

二、有机肥腐熟过程中的养分变化

有机肥料的腐熟是复杂的有机物质在微生物作用下进行矿质化和腐殖化的过程。其目的是释放养分，提高肥效，避免有机肥料在土壤中腐熟时产生某些对作物不利的影响，并杀死杂草、病菌、虫卵，使肥料无害化。参与有机肥料腐熟过程的主要微生物：纤维分解细菌、放线菌、真菌等。

腐熟过程与微生物的活动密切相关，而微生物的活动受有机肥料特性及外界因素的双重影响。控制有机肥料的堆腐条件，实质上就是调控微生物活动的基本条件。最主要的条件有水分、通气、温度、碳氮比和酸碱度。

第三节　有机肥料的主要类型

一、粪尿肥

（一）人粪尿

1. 人粪尿的成分与性质

人粪尿是含 N 较多，含 P、K 较少的肥料，可作速效氮肥施用。新鲜人粪一般呈中性反应，而人粪在腐熟前由于含有酸性物质硅酸、有机酸，所以呈酸性反应，而腐熟后由于 $CO(NH_2)_2 \rightarrow (NH_4)CO_3$ 而呈碱性反应。

2. 贮存中的不合理措施

（1）掺草木灰：农村中存在将人粪尿与草木灰混合贮存的问题，由于草木灰呈碱性，会引起 N 素的损失。

（2）晒粪干：农村中将人粪尿渗入土或炉灰晒成粪干，虽然便于施用，但在晒制过程中会引起氮的挥发损失，而且污染环境。

3. 合理贮存

（1）保存养分

a. 贮存人粪尿的粪抗粪池四周及底部要严实，以防尿的渗漏；上面要遮阴加盖，防止日晒雨淋、氨的挥发，注意改善卫生。

b. 加入保 N 物质。

物理保 N 物质：加入泥炭、干土、落叶、杂草等与人类尿混存或作为覆盖物以吸附尿液、NH_3，减少养分损失。

化学保 N 物质：比如 3‰～5‰过磷酸钙、绿矾（$FeSO_4$）使 $(NH_4)_2CO_3$ 转化为更加稳定的物质。

c. 粪尿分开贮存：一般人粪分解慢，而人尿分解快，如果混存等粪腐熟时，尿中 N 素大部分损失掉，故应粪尿分开贮存。

（2）消灭病菌

a. 密封发酵——杀菌灭卵，沼气发酵最佳。

b. 加入杀虫药物：石灰氮、敌百虫、氨水等。

4. 合理施用

因含氯化钠，所以盐碱土或排水不良的低洼地少用，耐氯弱的作物少用。可作基肥、追肥，人尿作追肥较佳。氮多，有机质少，应配合磷钾肥和有机肥施用。

（二）家畜粪尿

1. 家畜粪尿的成分与性质

畜粪中 OM 较多（15％～30％），具有良好的改土作用。畜粪中含 N、

P较多而含K较少；而畜尿中除猪尿外含N、K较多，而含P较少。从有机质中N、P、K的含量看：羊粪＞猪粪＞牛粪。

2. 根据畜粪在腐熟过程中发热量的大小将畜粪分类

热性肥料：马粪、羊粪、兔粪；

冷性肥料：牛粪、猪粪。

3. 合理贮存

（1）垫圈法：加入泥炭、干土、落叶、杂草吸附NH_3，减少养分损失。

（2）冲圈法：适用较大饲养场，直接把粪尿冲入粪池，在嫌气条件下沤成水肥。

二、堆肥

以作物秸秆、落叶、杂草为主要原料，然而再混入一定数量的土或人畜粪尿混合积制而成。

（一）堆肥腐熟的过程

堆肥腐熟的过程其实质是其中的有机物质在微生物作用所进行的矿质化和腐殖化作用，大体上可分为四个阶段。

1. 发热阶段

堆制初期温度升高到50℃左右的阶段，中温性的微生物利用材料中的水溶性有机物质大量的繁殖，进而分解蛋白质、部分纤维素→$NH_3+CO_2+\Delta E$。

2. 高温阶段

堆积2～3天后温度升到50～60℃的阶段，高温性的微生物代替中温性的微生物，除了继续分解易分解的有机物外，主要进行的是纤维素、半纤维素、部分木质素等复杂有机物的分解，同时腐殖化作用开始，但是矿质化作用占优势。

由于发热性的有机物被大量消耗，后期放热量逐渐减少，温度开始下降。

3. 降温阶段

高温过后温度下降到50℃以下的阶段，这一阶段是中温性、好热性、耐热性微生物活动最旺盛的阶段，继续分解残留下来的纤维素、半纤维素、木质素，但是腐殖化作用占优势。

4. 腐熟保肥阶段

有机物C/N减少，腐殖质的累积量明显增加，但分解腐殖质的细菌、纤维素分解细菌、嫌气固N菌、反硝化细菌的数量增多，会引起腐殖质的分解、氨的挥发、反硝化脱氮损失，所以在堆肥降温阶段之后，要将材料压紧，并用泥土覆盖，做好保肥工作。

（二）影响堆肥腐熟的条件

1. 水分

水分的作用是多方面的。例如，促进微生物吸收养分，促进微生物繁殖；促进堆肥材料软化，便于分解；调节通气，一般最适宜的含水量为原材料湿重的60%～75%。水分过多、过少均不利于腐熟，腐熟过程中应注意调节水分：升温阶段，水分不宜过多；高温阶段，水分消耗过多，应注意补充水分，以免材料过干；降温阶段要保持适当水分，以利于腐殖质的累积。

2. 通气

堆肥腐熟的前期是一个好气分解的过程，需要保证适当的通气，通气不良会造成好气性微生物的活动受到抑制，腐熟慢。腐熟后期，通气过旺又会造成有机物过度分解，腐殖质累积减少。所以前期应保证适当的通气，使有机质适当分解，后期则要保持嫌气状态以利于保肥。

3. 温度

主要是通过对微生物活动的影响来影响堆肥的腐热，一般好气性微生物最适宜的温度是40～50℃，嫌气性微生物：25～35℃，中温性微生物：<50℃，高温性微生物：60～65℃，所以调节堆肥温度是获得优质堆肥的重要条件之一，可以在堆肥中加入骡马粪以利于升温，因为骡马粪中含有高温纤维素分解细菌，还可以通过调节水分和通气来调节温度。

4. 材料C/N

微生物的生命活动以及不断繁殖需要吸收养分，仅C、N两种元素，微生物每吸收25份的C大约需要一份的N用于构成微生物本身的体细胞以及供呼吸作用的能量消耗所用。

若被分解的有机物C/N＝25∶1，微生物可以用去全部的N素，不会引起NH_3的累积。

若被分解的有机物C/N＜25∶1，微生物不能吸收全部N素，而且分解快，腐殖质累积减少，有NH_3的挥发。

若被分解的有机物C/N＞25∶1，有机质中的N素不能满足需要，分解慢。

5. 酸碱度（pH）

大多数的有益微生物最适宜在中性、微碱性的环境中活动繁殖，但是在腐熟过程中，OM分解会产生有机酸和碳酸，使pH降低，不利于微生物的活动，所以在堆制时要适当加入碱性物质，比如2%～3%石灰或5%草木灰以中和酸度。

三、绿肥

（一）绿肥的概念

直接用作肥料的新鲜绿色植物体称为绿肥。

（二）绿肥的分类

（1）按来源分类：栽培绿肥、野生绿肥；

（2）按植物学特点分类：豆科绿肥、非豆科绿肥；

（3）按栽培季节分类：早春、夏季和冬季绿肥；

（4）按栽培年限分类：一年生绿肥、多年生绿肥；

（5）按栽培几种主要绿肥的养分含量方式分类：单作、套作、混作以及插种绿肥等。

（三）绿肥在农业生产中的作用

1. 提高土壤肥力

（1）有利于土壤有机质的累积和更新：无论是豆科还是非豆科绿肥都含有丰富的有机物质，翻埋入土后都能增加土壤有机质的含量。

（2）增加土壤 N 素的含量：农业生产上施用的绿肥大多是豆科绿肥，能固定空气中的氮素，丰富土壤中氮的含量，扩大农业生产中氮的来源。

（3）有利于土壤中养分向耕作层集中及土壤中养分的转化：绿肥植物根系发达，尤其是豆科绿肥植物主根深入土层较深，可深达 2~3m，能够吸收利用土壤耕作层以下的养分，将其转移、集中到地上部，绿肥翻耕后，这些养分大部分以有效形态保留耕作层中，能被后茬作物所利用。

（4）改善土壤的理化性状、加速土壤熟化、改良低产田：绿肥能丰富土壤中的有机质并能提供大量的 Ca 素，而且绿肥根系较强的穿插能力和团聚作用，有利于改良土壤的结构。绿肥具有较强的抗逆性，能够在砂荒地、涝洼盐碱地和红壤上生长，对于这些土壤的改良有很重要的作用。

（5）减少养分损失：绿肥在生长过程中吸收无机态养分转化为有机物，翻耕入土后，只要残体不分解，养分就不会流失，而且随着微生物的分解，养分又会逐步释放出来供植物吸收。

2. 防风固沙、减少水土流失

绿肥地上部分生长繁茂，能很好地覆盖裸露的地表，减少风沙的侵蚀和雨水的冲刷，从而减少水土流失。

3. 促进农牧结合

绿肥还能做饲料，对解决农村中饲料不足也是一条有效的途径。此外，绿肥能保护生态环境，减少农药对环境的污染。

第四节 有机肥利用存在的问题及对策

一、有机肥利用存在的问题

近年来,由于耕种者受短期经济效益以及方便省事等因素的影响,导致有机肥利用存在以下问题:

(1) 有机肥用量减少(有机肥脏、臭、体积大,施用不便等);
(2) 秸秆燃烧或作工业原料,还田比例减少;
(3) 绿肥种植面积越来越小。

二、发展有机肥对策

(1) 生产有机、无机复合肥(克服养分含量低,施用不便等缺点);
(2) 调整种植结构,从一元到三元,如谷物——经济作物——绿肥;
(3) 推进秸秆还田,最好过腹还田,加速转化或堆沤、沼气综合利用;
(4) 开发研制优质城市垃圾肥,城市垃圾是一个很大的肥源,充分利用不仅增加了有机肥的数量,还减少了环境污染。

附 录

中华人民共和国土地管理法

(1986年6月25日第六届全国人民代表大会常务委员会第十六次会议通过,根据1988年12月29日第七届全国人民代表大会常务委员会第五次会议《关于修改〈中华人民共和国土地管理法〉的决定》第一次修正,1998年8月29日第九届全国人民代表大会常务委员会第四次会议修订,根据2004年8月28日第十届全国人民代表大会常务委员会第十一次会议《关于修改〈中华人民共和国土地管理法〉的决定》第二次修正)

第一章 总 则

第一条 为了加强土地管理,维护土地的社会主义公有制,保护、开发土地资源,合理利用土地,切实保护耕地,促进社会经济的可持续发展,根据宪法,制定本法。

第二条 中华人民共和国实行土地的社会主义公有制,即全民所有制和劳动群众集体所有制。

全民所有,即国家所有土地的所有权由国务院代表国家行使。

任何单位和个人不得侵占、买卖或者以其他形式非法转让土地。土地使用权可以依法转让。

国家为了公共利益的需要,可以依法对土地实行征收或者征用并给予补偿。

国家依法实行国有土地有偿使用制度。但是,国家在法律规定的范围内划拨国有土地使用权的除外。

第三条 十分珍惜、合理利用土地和切实保护耕地是我国的基本国策。各级人民政府应当采取措施,全面规划,严格管理,保护、开发土地资源,制止非法占用土地的行为。

第四条 国家实行土地用途管制制度。

国家编制土地利用总体规划,规定土地用途,将土地分为农用地、建设用地和未利用地。严格限制农用地转为建设用地,控制建设用地总量,对耕地实行特殊保护。

前款所称农用地是指直接用于农业生产的土地，包括耕地、林地、草地、农田水利用地、养殖水面等；建设用地是指建造建筑物、构筑物的土地，包括城乡住宅和公共设施用地、工矿用地、交通水利设施用地、旅游用地、军事设施用地等；未利用地是指农用地和建设用地以外的土地。

使用土地的单位和个人必须严格按照土地利用总体规划确定的用途使用土地。

第五条 国务院土地行政主管部门统一负责全国土地的管理和监督工作。

县级以上地方人民政府土地行政主管部门的设置及其职责，由省、自治区、直辖市人民政府根据国务院有关规定确定。

第六条 任何单位和个人都有遵守土地管理法律、法规的义务，并有权对违反土地管理法律、法规的行为提出检举和控告。

第七条 在保护和开发土地资源、合理利用土地以及进行有关的科学研究等方面成绩显著的单位和个人，由人民政府给予奖励。

第二章　土地的所有权和使用权

第八条 城市市区的土地属于国家所有。

农村和城市郊区的土地，除由法律规定属于国家所有的以外，属于农民集体所有；宅基地和自留地、自留山，属于农民集体所有。

第九条 国有土地和农民集体所有的土地，可以依法确定给单位或者个人使用。使用土地的单位和个人，有保护、管理和合理利用土地的义务。

第十条 农民集体所有的土地依法属于村农民集体所有的，由村集体经济组织或者村民委员会经营、管理；已经分别属于村内两个以上农村集体经济组织的农民集体所有的，由村内各该农村集体经济组织或者村民小组经营、管理；已经属于乡（镇）农民集体所有的，由乡（镇）农村集体经济组织经营、管理。

第十一条 农民集体所有的土地，由县级人民政府登记造册，核发证书，确认所有权。

农民集体所有的土地依法用于非农业建设的，由县级人民政府登记造册，核发证书，确认建设用地使用权。

单位和个人依法使用的国有土地，由县级以上人民政府登记造册，核发证书，确认使用权；其中，中央国家机关使用的国有土地的具体登记发证机关，由国务院确定。

确认林地、草原的所有权或者使用权，确认水面、滩涂的养殖使用权，分别依照《中华人民共和国森林法》、《中华人民共和国草原法》和

《中华人民共和国渔业法》的有关规定办理。

第十二条 依法改变土地权属和用途的，应当办理土地变更登记手续。

第十三条 依法登记的土地的所有权和使用权受法律保护，任何单位和个人不得侵犯。

第十四条 农民集体所有的土地由本集体经济组织的成员承包经营，从事种植业、林业、畜牧业、渔业生产。土地承包经营期限为三十年。发包方和承包方应当订立承包合同，约定双方的权利和义务。承包经营土地的农民有保护和按照承包合同约定的用途合理利用土地的义务。农民的土地承包经营权受法律保护。

在土地承包经营期限内，对个别承包经营者之间承包的土地进行适当调整的，必须经村民会议三分之二以上成员或者三分之二以上村民代表的同意，并报乡（镇）人民政府和县级人民政府农业行政主管部门批准。

第十五条 国有土地可以由单位或者个人承包经营，从事种植业、林业、畜牧业、渔业生产。农民集体所有的土地，可以由本集体经济组织以外的单位或者个人承包经营，从事种植业、林业、畜牧业、渔业生产。发包方和承包方应当订立承包合同，约定双方的权利和义务。土地承包经营的期限由承包合同约定。承包经营土地的单位和个人，有保护和按照承包合同约定的用途合理利用土地的义务。

农民集体所有的土地由本集体经济组织以外的单位或者个人承包经营的，必须经村民会议三分之二以上成员或者三分之二以上村民代表的同意，并报乡（镇）人民政府批准。

第十六条 土地所有权和使用权争议，由当事人协商解决；协商不成的，由人民政府处理。

单位之间的争议，由县级以上人民政府处理；个人之间、个人与单位之间的争议，由乡级人民政府或者县级以上人民政府处理。

当事人对有关人民政府的处理决定不服的，可以自接到处理决定通知之日起三十日内，向人民法院起诉。

在土地所有权和使用权争议解决前，任何一方不得改变土地利用现状。

第三章 土地利用总体规划

第十七条 各级人民政府应当依据国民经济和社会发展规划、国土整治和资源环境保护的要求、土地供给能力以及各项建设对土地的需求，组织编制土地利用总体规划。

土地利用总体规划的规划期限由国务院规定。

第十八条 下级土地利用总体规划应当依据上一级土地利用总体规划编制。

地方各级人民政府编制的土地利用总体规划中的建设用地总量不得超过上一级土地利用总体规划确定的控制指标,耕地保有量不得低于上一级土地利用总体规划确定的控制指标。

省、自治区、直辖市人民政府编制的土地利用总体规划,应当确保本行政区域内耕地总量不减少。

第十九条 土地利用总体规划按照下列原则编制:

(一) 严格保护基本农田,控制非农业建设占用农用地;

(二) 提高土地利用率;

(三) 统筹安排各类、各区域用地;

(四) 保护和改善生态环境,保障土地的可持续利用;

(五) 占用耕地与开发复垦耕地相平衡。

第二十条 县级土地利用总体规划应当划分土地利用区,明确土地用途。

乡(镇)土地利用总体规划应当划分土地利用区,根据土地使用条件,确定每一块土地的用途,并予以公告。

第二十一条 土地利用总体规划实行分级审批。

省、自治区、直辖市的土地利用总体规划,报国务院批准。

省、自治区人民政府所在地的市、人口在一百万以上的城市以及国务院指定的城市的土地利用总体规划,经省、自治区人民政府审查同意后,报国务院批准。

本条第二款、第三款规定以外的土地利用总体规划,逐级上报省、自治区、直辖市人民政府批准;其中,乡(镇)土地利用总体规划可以由省级人民政府授权的设区的市、自治州人民政府批准。

土地利用总体规划一经批准,必须严格执行。

第二十二条 城市建设用地规模应当符合国家规定的标准,充分利用现有建设用地,不占或者尽量少占农用地。

城市总体规划、村庄和集镇规划,应当与土地利用总体规划相衔接,城市总体规划、村庄和集镇规划中建设用地规模不得超过土地利用总体规划确定的城市和村庄、集镇建设用地规模。

在城市规划区内、村庄和集镇规划区内,城市和村庄、集镇建设用地应当符合城市规划、村庄和集镇规划。

第二十三条 江河、湖泊综合治理和开发利用规划,应当与土地利用总体规划相衔接。在江河、湖泊、水库的管理和保护范围以及蓄洪滞洪区内,土地利用应当符合江河、湖泊综合治理和开发利用规划,符合河道、湖泊行洪、蓄洪和输水的要求。

第二十四条 各级人民政府应当加强土地利用计划管理，实行建设用地总量控制。

土地利用年度计划，根据国民经济和社会发展计划、国家产业政策、土地利用总体规划以及建设用地和土地利用的实际状况编制。土地利用年度计划的编制审批程序与土地利用总体规划的编制审批程序相同，一经审批下达，必须严格执行。

第二十五条 省、自治区、直辖市人民政府应当将土地利用年度计划的执行情况列为国民经济和社会发展计划执行情况的内容，向同级人民代表大会报告。

第二十六条 经批准的土地利用总体规划的修改，须经原批准机关批准；未经批准，不得改变土地利用总体规划确定的土地用途。

经国务院批准的大型能源、交通、水利等基础设施建设用地，需要改变土地利用总体规划的，根据国务院的批准文件修改土地利用总体规划。

经省、自治区、直辖市人民政府批准的能源、交通、水利等基础设施建设用地，需要改变土地利用总体规划的，属于省级人民政府土地利用总体规划批准权限内的，根据省级人民政府的批准文件修改土地利用总体规划。

第二十七条 国家建立土地调查制度。

县级以上人民政府土地行政主管部门会同同级有关部门进行土地调查。土地所有者或者使用者应当配合调查，并提供有关资料。

第二十八条 县级以上人民政府土地行政主管部门会同同级有关部门根据土地调查成果、规划土地用途和国家制定的统一标准，评定土地等级。

第二十九条 国家建立土地统计制度。

县级以上人民政府土地行政主管部门和同级统计部门共同制定统计调查方案，依法进行土地统计，定期发布土地统计资料。土地所有者或者使用者应当提供有关资料，不得虚报、瞒报、拒报、迟报。

土地行政主管部门和统计部门共同发布的土地面积统计资料是各级人民政府编制土地利用总体规划的依据。

第三十条 国家建立全国土地管理信息系统，对土地利用状况进行动态监测。

第四章 耕地保护

第三十一条 国家保护耕地，严格控制耕地转为非耕地。

国家实行占用耕地补偿制度。非农业建设经批准占用耕地的，按照

"占多少，垦多少"的原则，由占用耕地的单位负责开垦与所占用耕地的数量和质量相当的耕地；没有条件开垦或者开垦的耕地不符合要求的，应当按照省、自治区、直辖市的规定缴纳耕地开垦费，专款用于开垦新的耕地。

省、自治区、直辖市人民政府应当制定开垦耕地计划，监督占用耕地的单位按照计划开垦耕地或者按照计划组织开垦耕地，并进行验收。

第三十二条 县级以上地方人民政府可以要求占用耕地的单位将所占用耕地耕作层的土壤用于新开垦耕地、劣质地或者其他耕地的土壤改良。

第三十三条 省、自治区、直辖市人民政府应当严格执行土地利用总体规划和土地利用年度计划，采取措施，确保本行政区域内耕地总量不减少；耕地总量减少的，由国务院责令在规定期限内组织开垦与所减少耕地的数量与质量相当的耕地，并由国务院土地行政主管部门会同农业行政主管部门验收。个别省、直辖市确因土地后备资源匮乏，新增建设用地后，新开垦耕地的数量不足以补偿所占用耕地的数量的，必须报经国务院批准减免本行政区域内开垦耕地的数量，进行易地开垦。

第三十四条 国家实行基本农田保护制度。下列耕地应当根据土地利用总体规划划入基本农田保护区，严格管理：

（一）经国务院有关主管部门或者县级以上地方人民政府批准确定的粮、棉、油生产基地内的耕地；

（二）有良好的水利与水土保持设施的耕地，正在实施改造计划以及可以改造的中、低产田；

（三）蔬菜生产基地；

（四）农业科研、教学试验田；

（五）国务院规定应当划入基本农田保护区的其他耕地。

各省、自治区、直辖市划定的基本农田应当占本行政区域内耕地的百分之八十以上。

基本农田保护区以乡（镇）为单位进行划区定界，由县级人民政府土地行政主管部门会同同级农业行政主管部门组织实施。

第三十五条 各级人民政府应当采取措施，维护排灌工程设施，改良土壤，提高地力，防止土地荒漠化、盐渍化、水土流失和污染土地。

第三十六条 非农业建设必须节约使用土地，可以利用荒地的，不得占用耕地；可以利用劣地的，不得占用好地。

禁止占用耕地建窑、建坟或者擅自在耕地上建房、挖砂、采石、采矿、取土等。

禁止占用基本农田发展林果业和挖塘养鱼。

第三十七条 禁止任何单位和个人闲置、荒芜耕地。已经办理审批手续的非农业建设占用耕地,一年内不用而又可以耕种并收获的,应当由原耕种该幅耕地的集体或者个人恢复耕种,也可以由用地单位组织耕种;一年以上未动工建设的,应当按照省、自治区、直辖市的规定缴纳闲置费;连续二年未使用的,经原批准机关批准,由县级以上人民政府无偿收回用地单位的土地使用权;该幅土地原为农民集体所有的,应当交由原农村集体经济组织恢复耕种。

在城市规划区范围内,以出让方式取得土地使用权进行房地产开发的闲置土地,依照《中华人民共和国城市房地产管理法》的有关规定办理。

承包经营耕地的单位或者个人连续二年弃耕抛荒的,原发包单位应当终止承包合同,收回发包的耕地。

第三十八条 国家鼓励单位和个人按照土地利用总体规划,在保护和改善生态环境、防止水土流失和土地荒漠化的前提下,开发未利用的土地;适宜开发为农用地的,应当优先开发成农用地。

国家依法保护开发者的合法权益。

第三十九条 开垦未利用的土地,必须经过科学论证和评估,在土地利用总体规划划定的可开垦的区域内,经依法批准后进行。禁止毁坏森林、草原开垦耕地,禁止围湖造田和侵占江河滩地。

根据土地利用总体规划,对破坏生态环境开垦、围垦的土地,有计划有步骤地退耕还林、还牧、还湖。

第四十条 开发未确定使用权的国有荒山、荒地、荒滩从事种植业、林业、畜牧业、渔业生产的,经县级以上人民政府依法批准,可以确定给开发单位或者个人长期使用。

第四十一条 国家鼓励土地整理。县、乡(镇)人民政府应当组织农村集体经济组织,按照土地利用总体规划,对田、水、路、林、村综合整治,提高耕地质量,增加有效耕地面积,改善农业生产条件和生态环境。

地方各级人民政府应当采取措施,改造中、低产田,整治闲散地和废弃地。

第四十二条 因挖损、塌陷、压占等造成土地破坏,用地单位和个人应当按照国家有关规定负责复垦;没有条件复垦或者复垦不符合要求的,应当缴纳土地复垦费,专项用于土地复垦。复垦的土地应当优先用于农业。

第五章 建设用地

第四十三条 任何单位和个人进行建设,需要使用土地的,必须依法申请使用国有土地;但是,兴办乡镇企业和村民建设住宅经依法批准使用本集体经济组织农民集体所有的土地的,或者乡(镇)村公共设施和公益事业建设经依法批准使用农民集体所有的土地的除外。

前款所称依法申请使用的国有土地包括国家所有的土地和国家征收的原属于农民集体所有的土地。

第四十四条 建设占用土地，涉及农用地转为建设用地的，应当办理农用地转用审批手续。

省、自治区、直辖市人民政府批准的道路、管线工程和大型基础设施建设项目、国务院批准的建设项目占用土地，涉及农用地转为建设用地的，由国务院批准。

在土地利用总体规划确定的城市和村庄、集镇建设用地规模范围内，为实施该规划而将农用地转为建设用地的，按土地利用年度计划分批次由原批准土地利用总体规划的机关批准。在已批准的农用地转用范围内，具体建设项目用地可以由市、县人民政府批准。

本条第二款、第三款规定以外的建设项目占用土地，涉及农用地转为建设用地的，由省、自治区、直辖市人民政府批准。

第四十五条 征收下列土地的，由国务院批准：

（一）基本农田；

（二）基本农田以外的耕地超过三十五公顷的；

（三）其他土地超过七十公顷的。

征收前款规定以外的土地的，由省、自治区、直辖市人民政府批准，并报国务院备案。

征收农用地的，应当依照本法第四十四条的规定先行办理农用地转用审批。其中，经国务院批准农用地转用的，同时办理征地审批手续，不再另行办理征地审批；经省、自治区、直辖市人民政府在征地批准权限内批准农用地转用的，同时办理征地审批手续，不再另行办理征地审批，超过征地批准权限的，应当依照本条第一款的规定另行办理征地审批。

第四十六条 国家征收土地的，依照法定程序批准后，由县级以上地方人民政府予以公告并组织实施。

被征收土地的所有权人、使用权人应当在公告规定期限内，持土地权属证书到当地人民政府土地行政主管部门办理征地补偿登记。

第四十七条 征收土地的，按照被征收土地的原用途给予补偿。

征收耕地的补偿费用包括土地补偿费、安置补助费以及地上附着物和青苗的补偿费。征收耕地的土地补偿费，为该耕地被征收前三年平均年产值的六至十倍。征收耕地的安置补助费，按照需要安置的农业人口数计算。需要安置的农业人口数，按照被征收的耕地数量除以征地前被征收单位平均每人占有耕地的数量计算。每一个需要安置的农业人口的安置补助费标准，为该耕地被征收前三年平均年产值的四至六倍。但是，每公顷被征收耕地的安置补助费，最高不得超过被征收前三年平均年产值的十五倍。

征收其他土地的土地补偿费和安置补助费标准，由省、自治区、直辖市参照征收耕地的土地补偿费和安置补助费的标准规定。

被征收土地上的附着物和青苗的补偿标准，由省、自治区、直辖市规定。

征收城市郊区的菜地，用地单位应当按照国家有关规定缴纳新菜地开发建设基金。

依照本条第二款的规定支付土地补偿费和安置补助费，尚不能使需要安置的农民保持原有生活水平的，经省、自治区、直辖市人民政府批准，可以增加安置补助费。但是，土地补偿费和安置补助费的总和不得超过土地被征收前三年平均年产值的三十倍。

国务院根据社会、经济发展水平，在特殊情况下，可以提高征收耕地的土地补偿费和安置补助费的标准。

第四十八条 征地补偿安置方案确定后，有关地方人民政府应当公告，并听取被征地的农村集体经济组织和农民的意见。

第四十九条 被征地的农村集体经济组织应当将征收土地的补偿费用的收支状况向本集体经济组织的成员公布，接受监督。

禁止侵占、挪用被征收土地单位的征地补偿费用和其他有关费用。

第五十条 地方各级人民政府应当支持被征地的农村集体经济组织和农民从事开发经营，兴办企业。

第五十一条 大中型水利、水电工程建设征收土地的补偿费标准和移民安置办法，由国务院另行规定。

第五十二条 建设项目可行性研究论证时，土地行政主管部门可以根据土地利用总体规划、土地利用年度计划和建设用地标准，对建设用地有关事项进行审查，并提出意见。

第五十三条 经批准的建设项目需要使用国有建设用地的，建设单位应当持法律、行政法规规定的有关文件，向有批准权的县级以上人民政府土地行政主管部门提出建设用地申请，经土地行政主管部门审查，报本级人民政府批准。

第五十四条 建设单位使用国有土地，应当以出让等有偿使用方式取得；但是，下列建设用地，经县级以上人民政府依法批准，可以以划拨方式取得：

（一）国家机关用地和军事用地；

（二）城市基础设施用地和公益事业用地；

（三）国家重点扶持的能源、交通、水利等基础设施用地；

（四）法律、行政法规规定的其他用地。

第五十五条 以出让等有偿使用方式取得国有土地使用权的建设单位，按照国务院规定的标准和办法，缴纳土地使用权出让金等土地有偿使用费和其他费用后，方可使用土地。

自本法施行之日起，新增建设用地的土地有偿使用费，百分之三十上缴中央财政，百分之七十留给有关地方人民政府，都专项用于耕地开发。

第五十六条 建设单位使用国有土地的，应当按照土地使用权出让等有偿使用合同的约定或者土地使用权划拨批准文件的规定使用土地；确需改变该幅土地建设用途的，应当经有关人民政府土地行政主管部门同意，报原批准用地的人民政府批准。其中，在城市规划区内改变土地用途的，在报批前，应当先经有关城市规划行政主管部门同意。

第五十七条 建设项目施工和地质勘查需要临时使用国有土地或者农民集体所有的土地的，由县级以上人民政府土地行政主管部门批准。其中，在城市规划区内的临时用地，在报批前，应当先经有关城市规划行政主管部门同意。土地使用者应当根据土地权属，与有关土地行政主管部门或者农村集体经济组织、村民委员会签订临时使用土地合同，并按照合同的约定支付临时使用土地补偿费。

临时使用土地的使用者应当按照临时使用土地合同约定的用途使用土地，并不得修建永久性建筑物。

临时使用土地期限一般不超过二年。

第五十八条 有下列情形之一的，由有关人民政府土地行政主管部门报经原批准用地的人民政府或者有批准权的人民政府批准，可以收回国有土地使用权：

（一）为公共利益需要使用土地的；

（二）为实施城市规划进行旧城区改建，需要调整使用土地的；

（三）土地出让等有偿使用合同约定的使用期限届满，土地使用者未申请续期或者申请续期未获批准的；

（四）因单位撤销、迁移等原因，停止使用原划拨的国有土地的；

（五）公路、铁路、机场、矿场等经核准报废的。

依照前款第（一）项、第（二）项的规定收回国有土地使用权的，对土地使用权人应当给予适当补偿。

第五十九条 乡镇企业、乡（镇）村公共设施、公益事业、农村村民住宅等乡（镇）村建设，应当按照村庄和集镇规划，合理布局，综合开发，配套建设；建设用地，应当符合乡（镇）土地利用总体规划和土地利用年度计划，并依照本法第四十四条、第六十条、第六十一条、第六十二条的规定办理审批手续。

第六十条　农村集体经济组织使用乡（镇）土地利用总体规划确定的建设用地兴办企业或者与其他单位、个人以土地使用权入股、联营等形式共同举办企业的，应当持有关批准文件，向县级以上地方人民政府土地行政主管部门提出申请，按照省、自治区、直辖市规定的批准权限，由县级以上地方人民政府批准；其中，涉及占用农用地的，依照本法第四十四条的规定办理审批手续。

按照前款规定兴办企业的建设用地，必须严格控制。省、自治区、直辖市可以按照乡镇企业的不同行业和经营规模，分别规定用地标准。

第六十一条　乡（镇）村公共设施、公益事业建设，需要使用土地的，经乡（镇）人民政府审核，向县级以上地方人民政府土地行政主管部门提出申请，按照省、自治区、直辖市规定的批准权限，由县级以上地方人民政府批准；其中，涉及占用农用地的，依照本法第四十四条的规定办理审批手续。

第六十二条　农村村民一户只能拥有一处宅基地，其宅基地的面积不得超过省、自治区、直辖市规定的标准。

农村村民建住宅，应当符合乡（镇）土地利用总体规划，并尽量使用原有的宅基地和村内空闲地。

农村村民住宅用地，经乡（镇）人民政府审核，由县级人民政府批准；其中，涉及占用农用地的，依照本法第四十四条的规定办理审批手续。

农村村民出卖、出租住房后，再申请宅基地的，不予批准。

第六十三条　农民集体所有的土地的使用权不得出让、转让或者出租用于非农业建设；但是，符合土地利用总体规划并依法取得建设用地的企业，因破产、兼并等情形致使土地使用权依法发生转移的除外。

第六十四条　在土地利用总体规划制定前已建的不符合土地利用总体规划确定的用途的建筑物、构筑物，不得重建、扩建。

第六十五条　有下列情形之一的，农村集体经济组织报经原批准用地的人民政府批准，可以收回土地使用权：

（一）为乡（镇）村公共设施和公益事业建设，需要使用土地的；

（二）不按照批准的用途使用土地的；

（三）因撤销、迁移等原因而停止使用土地的。

依照前款第（一）项规定收回农民集体所有的土地的，对土地使用权人应当给予适当补偿。

第六章　监督检查

第六十六条　县级以上人民政府土地行政主管部门对违反土地管理法律、法规的行为进行监督检查。

土地管理监督检查人员应当熟悉土地管理法律、法规，忠于职守、秉公执法。

第六十七条 县级以上人民政府土地行政主管部门履行监督检查职责时，有权采取下列措施：

（一）要求被检查的单位或者个人提供有关土地权利的文件和资料，进行查阅或者予以复制；

（二）要求被检查的单位或者个人就有关土地权利的问题作出说明；

（三）进入被检查单位或者个人非法占用的土地现场进行勘测；

（四）责令非法占用土地的单位或者个人停止违反土地管理法律、法规的行为。

第六十八条 土地管理监督检查人员履行职责，需要进入现场进行勘测、要求有关单位或者个人提供文件、资料和作出说明的，应当出示土地管理监督检查证件。

第六十九条 有关单位和个人对县级以上人民政府土地行政主管部门就土地违法行为进行的监督检查应当支持与配合，并提供工作方便，不得拒绝与阻碍土地管理监督检查人员依法执行职务。

第七十条 县级以上人民政府土地行政主管部门在监督检查工作中发现国家工作人员的违法行为，依法应当给予行政处分的，应当依法予以处理；自己无权处理的，应当向同级或者上级人民政府的行政监察机关提出行政处分建议书，有关行政监察机关应当依法予以处理。

第七十一条 县级以上人民政府土地行政主管部门在监督检查工作中发现土地违法行为构成犯罪的，应当将案件移送有关机关，依法追究刑事责任；尚不构成犯罪的，应当依法给予行政处罚。

第七十二条 依照本法规定应当给予行政处罚，而有关土地行政主管部门不给予行政处罚的，上级人民政府土地行政主管部门有权责令有关土地行政主管部门作出行政处罚决定或者直接给予行政处罚，并给予有关土地行政主管部门的负责人行政处分。

第七章　法律责任

第七十三条 买卖或者以其他形式非法转让土地的，由县级以上人民政府土地行政主管部门没收违法所得；对违反土地利用总体规划擅自将农用地改为建设用地的，限期拆除在非法转让的土地上新建的建筑物和其他设施，恢复土地原状，对符合土地利用总体规划的，没收在非法转让的土地上新建的建筑物和其他设施，可以并处罚款；对直接负责的主管人员和其他直接责任人员，依法给予行政处分；构成犯罪的，依法追究刑事责任。

第七十四条 违反本法规定,占用耕地建窑、建坟或者擅自在耕地上建房、挖砂、采石、采矿、取土等,破坏种植条件的,或者因开发土地造成土地荒漠化、盐渍化的,由县级以上人民政府土地行政主管部门责令限期改正或者治理,可以并处罚款;构成犯罪的,依法追究刑事责任。

第七十五条 违反本法规定,拒不履行土地复垦义务的,由县级以上人民政府土地行政主管部门责令限期改正;逾期不改正的,责令缴纳复垦费,专项用于土地复垦,可以处以罚款。

第七十六条 未经批准或者采取欺骗手段骗取批准,非法占用土地的,由县级以上人民政府土地行政主管部门责令退还非法占用的土地,对违反土地利用总体规划擅自将农用地改为建设用地的,限期拆除在非法占用的土地上新建的建筑物和其他设施,恢复土地原状,对符合土地利用总体规划的,没收在非法占用的土地上新建的建筑物和其他设施,可以并处罚款;对非法占用土地单位的直接负责的主管人员和其他直接责任人员,依法给予行政处分;构成犯罪的,依法追究刑事责任。

超过批准的数量占用土地,多占的土地以非法占用土地论处。

第七十七条 农村村民未经批准或者采取欺骗手段骗取批准,非法占用土地建住宅的,由县级以上人民政府土地行政主管部门责令退还非法占用的土地,限期拆除在非法占用的土地上新建的房屋。

超过省、自治区、直辖市规定的标准,多占的土地以非法占用土地论处。

第七十八条 无权批准征收、使用土地的单位或者个人非法批准占用土地的,超越批准权限非法批准占用土地的,不按照土地利用总体规划确定的用途批准用地的,或者违反法律规定的程序批准占用、征收土地的,其批准文件无效,对非法批准征收、使用土地的直接负责的主管人员和其他直接责任人员,依法给予行政处分;构成犯罪的,依法追究刑事责任。非法批准、使用的土地应当收回,有关当事人拒不归还的,以非法占用土地论处。

非法批准征收、使用土地,对当事人造成损失的,依法应当承担赔偿责任。

第七十九条 侵占、挪用被征收土地单位的征地补偿费用和其他有关费用,构成犯罪的,依法追究刑事责任;尚不构成犯罪的,依法给予行政处分。

第八十条 依法收回国有土地使用权当事人拒不交出土地的,临时使用土地期满拒不归还的,或者不按照批准的用途使用国有土地的,由县级以上人民政府土地行政主管部门责令交还土地,处以罚款。

第八十一条 擅自将农民集体所有的土地的使用权出让、转让或者出租用于非农业建设的,由县级以上人民政府土地行政主管部门责令限期改正,没收违法所得,并处罚款。

第八十二条 不依照本法规定办理土地变更登记的,由县级以上人民政府土地行政主管部门责令其限期办理。

第八十三条 依照本法规定,责令限期拆除在非法占用的土地上新建的建筑物和其他设施的,建设单位或者个人必须立即停止施工,自行拆除;对继续施工的,作出处罚决定的机关有权制止。建设单位或者个人对责令限期拆除的行政处罚决定不服的,可以在接到责令限期拆除决定之日起十五日内,向人民法院起诉;期满不起诉又不自行拆除的,由作出处罚决定的机关依法申请人民法院强制执行,费用由违法者承担。

第八十四条 土地行政主管部门的工作人员玩忽职守、滥用职权、徇私舞弊,构成犯罪的,依法追究刑事责任;尚不构成犯罪的,依法给予行政处分。

第八章 附 则

第八十五条 中外合资经营企业、中外合作经营企业、外资企业使用土地的,适用本法;法律另有规定的,从其规定。

第八十六条 本法自1999年1月1日起施行。

中华人民共和国土地管理法实施条例

(1998年12月27日中华人民共和国国务院令第256号发布 根据2011年1月8日《国务院关于废止和修改部分行政法规的决定》修订)

第一章 总 则

第一条 根据《中华人民共和国土地管理法》(以下简称《土地管理法》),制定本条例。

第二章 土地的所有权和使用权

第二条 下列土地属于全民所有即国家所有:
(一) 城市市区的土地;
(二) 农村和城市郊区中已经依法没收、征收、征购为国有的土地;
(三) 国家依法征收的土地;
(四) 依法不属于集体所有的林地、草地、荒地、滩涂及其他土地;
(五) 农村集体经济组织全部成员转为城镇居民的,原属于其成员集体所有的土地;
(六) 因国家组织移民、自然灾害等原因,农民成建制地集体迁移后不再使用的原属于迁移农民集体所有的土地。

第三条 国家依法实行土地登记发证制度。依法登记的土地所有权和土地使用权受法律保护,任何单位和个人不得侵犯。

土地登记内容和土地权属证书式样由国务院土地行政主管部门统一规定。

土地登记资料可以公开查询。

确认林地、草原的所有权或者使用权,确认水面、滩涂的养殖使用权,分别依照《森林法》、《草原法》和《渔业法》的有关规定办理。

第四条 农民集体所有的土地,由土地所有者向土地所在地的县级人民政府土地行政主管部门提出土地登记申请,由县级人民政府登记造册,核发集体土地所有权证书,确认所有权。

农民集体所有的土地依法用于非农业建设的,由土地使用者向土地所在地的县级人民政府土地行政主管部门提出土地登记申请,由县级人民政府登记造册，核发集体土地使用权证书，确认建设用地使用权。

设区的市人民政府可以对市辖区内农民集体所有的土地实行统一登记。

第五条　单位和个人依法使用的国有土地，由土地使用者向土地所在地的县级以上人民政府土地行政主管部门提出土地登记申请，由县级以上人民政府登记造册，核发国有土地使用权证书，确认使用权。其中，中央国家机关使用的国有土地的登记发证，由国务院土地行政主管部门负责，具体登记发证办法由国务院土地行政主管部门会同国务院机关事务管理局等有关部门制定。

未确定使用权的国有土地，由县级以上人民政府登记造册，负责保护管理。

第六条　依法改变土地所有权、使用权的，因依法转让地上建筑物、构筑物等附着物导致土地使用权转移的，必须向土地所在地的县级以上人民政府土地行政主管部门提出土地变更登记申请，由原土地登记机关依法进行土地所有权、使用权变更登记。土地所有权、使用权的变更，自变更登记之日起生效。

依法改变土地用途的，必须持批准文件，向土地所在地的县级以上人民政府土地行政主管部门提出土地变更登记申请，由原土地登记机关依法进行变更登记。

第七条　依照《土地管理法》的有关规定，收回用地单位的土地使用权的，由原土地登记机关注销土地登记。

土地使用权有偿使用合同约定的使用期限届满，土地使用者未申请续期或者虽申请续期未获批准的，由原土地登记机关注销土地登记。

第三章　土地利用总体规划

第八条　全国土地利用总体规划，由国务院土地行政主管部门会同国务院有关部门编制，报国务院批准。

省、自治区、直辖市的土地利用总体规划，由省、自治区、直辖市人民政府组织本级土地行政主管部门和其他有关部门编制，报国务院批准。

省、自治区人民政府所在地的市、人口在100万以上的城市以及国务院指定的城市的土地利用总体规划，由各该市人民政府组织本级土地行政主管部门和其他有关部门编制，经省、自治区人民政府审查同意后，报国务院批准。

本条第一款、第二款、第三款规定以外的土地利用总体规划，由有关人民政府组织本级土地行政主管部门和其他有关部门编制，逐级上报省、自治区、直辖市人民政府批准；其中，乡（镇）土地利用总体规划，由乡

（镇）人民政府编制，逐级上报省、自治区、直辖市人民政府或者省、自治区、直辖市人民政府授权的设区的市、自治州人民政府批准。

第九条 土地利用总体规划的规划期限一般为15年。

第十条 依照《土地管理法》规定，土地利用总体规划应当将土地划分为农用地、建设用地和未利用地。

县级和乡（镇）土地利用总体规划应当根据需要，划定基本农田保护区、土地开垦区、建设用地区和禁止开垦区等；其中，乡（镇）土地利用总体规划还应当根据土地使用条件，确定每一块土地的用途。

土地分类和划定土地利用区的具体办法，由国务院土地行政主管部门会同国务院有关部门制定。

第十一条 乡（镇）土地利用总体规划经依法批准后，乡（镇）人民政府应当在本行政区域内予以公告。

公告应当包括下列内容：

（一）规划目标；

（二）规划期限；

（三）规划范围；

（四）地块用途；

（五）批准机关和批准日期。

第十二条 依照《土地管理法》第二十六条第二款、第三款规定修改土地利用总体规划的，由原编制机关根据国务院或者省、自治区、直辖市人民政府的批准文件修改。修改后的土地利用总体规划应当报原批准机关批准。

上一级土地利用总体规划修改后，涉及修改下一级土地利用总体规划的，由上一级人民政府通知下一级人民政府作出相应修改，并报原批准机关备案。

第十三条 各级人民政府应当加强土地利用年度计划管理，实行建设用地总量控制。土地利用年度计划一经批准下达，必须严格执行。

土地利用年度计划应当包括下列内容：

（一）农用地转用计划指标；

（二）耕地保有量计划指标；

（三）土地开发整理计划指标。

第十四条 县级以上人民政府土地行政主管部门应当会同同级有关部门进行土地调查。

土地调查应当包括下列内容：

（一）土地权属；

（二）土地利用现状；

（三）土地条件。

地方土地利用现状调查结果，经本级人民政府审核，报上一级人民政府批准后，应当向社会公布；全国土地利用现状调查结果，报国务院批准后，应当向社会公布。土地调查规程，由国务院土地行政主管部门会同国务院有关部门制定。

第十五条 国务院土地行政主管部门会同国务院有关部门制定土地等级评定标准。

县级以上人民政府土地行政主管部门应当会同同级有关部门根据土地等级评定标准，对土地等级进行评定。地方土地等级评定结果，经本级人民政府审核，报上一级人民政府土地行政主管部门批准后，应当向社会公布。

根据国民经济和社会发展状况，土地等级每6年调整1次。

第四章　耕地保护

第十六条 在土地利用总体规划确定的城市和村庄、集镇建设用地范围内，为实施城市规划和村庄、集镇规划占用耕地，以及在土地利用总体规划确定的城市建设用地范围外的能源、交通、水利、矿山、军事设施等建设项目占用耕地的，分别由市、县人民政府、农村集体经济组织和建设单位依照《土地管理法》第三十一条的规定负责开垦耕地；没有条件开垦或者开垦的耕地不符合要求的，应当按照省、自治区、直辖市的规定缴纳耕地开垦费。

第十七条 禁止单位和个人在土地利用总体规划确定的禁止开垦区内从事土地开发活动。

在土地利用总体规划确定的土地开垦区内，开发未确定土地使用权的国有荒山、荒地、荒滩从事种植业、林业、畜牧业、渔业生产的，应当向土地所在地的县级以上人民政府土地行政主管部门提出申请，报有批准权的人民政府批准。

一次性开发未确定土地使用权的国有荒山、荒地、荒滩600公顷以下的，按照省、自治区、直辖市规定的权限，由县级以上地方人民政府批准；开发600公顷以上的，报国务院批准。

开发未确定土地使用权的国有荒山、荒地、荒滩从事种植业、林业、畜牧业或者渔业生产的，经县级以上人民政府依法批准，可以确定给开发单位或者个人长期使用，使用期限最长不得超过50年。

第十八条 县、乡（镇）人民政府应当按照土地利用总体规划，组织农村集体经济组织制定土地整理方案，并组织实施。

地方各级人民政府应当采取措施，按照土地利用总体规划推进土地整理。土地整理新增耕地面积的60％可以用作折抵建设占用耕地的补偿指标。

土地整理所需费用，按照谁受益谁负担的原则，由农村集体经济组织和土地使用者共同承担。

第五章 建设用地

第十九条 建设占用土地，涉及农用地转为建设用地的，应当符合土地利用总体规划和土地利用年度计划中确定的农用地转用指标；城市和村庄、集镇建设占用土地，涉及农用地转用的，还应当符合城市规划和村庄、集镇规划。不符合规定的，不得批准农用地转为建设用地。

第二十条 在土地利用总体规划确定的城市建设用地范围内，为实施城市规划占用土地的，按照下列规定办理：

（一）市、县人民政府按照土地利用年度计划拟订农用地转用方案、补充耕地方案、征收土地方案，分批次逐级上报有批准权的人民政府。

（二）有批准权的人民政府土地行政主管部门对农用地转用方案、补充耕地方案、征收土地方案进行审查，提出审查意见，报有批准权的人民政府批准；其中，补充耕地方案由批准农用地转用方案的人民政府在批准农用地转用方案时一并批准。

（三）农用地转用方案、补充耕地方案、征收土地方案经批准后，由市、县人民政府组织实施，按具体建设项目分别供地。

在土地利用总体规划确定的村庄、集镇建设用地范围内，为实施村庄、集镇规划占用土地的，由市、县人民政府拟订农用地转用方案、补充耕地方案，依照前款规定的程序办理。

第二十一条 具体建设项目需要使用土地的，建设单位应当根据建设项目的总体设计一次申请，办理建设用地审批手续；分期建设的项目，可以根据可行性研究报告确定的方案分期申请建设用地，分期办理建设用地有关审批手续。

第二十二条 具体建设项目需要占用土地利用总体规划确定的城市建设用地范围内的国有建设用地的，按照下列规定办理：

（一）建设项目可行性研究论证时，由土地行政主管部门对建设项目用地有关事项进行审查，提出建设项目用地预审报告；可行性研究报告报批时，必须附具土地行政主管部门出具的建设项目用地预审报告。

（二）建设单位持建设项目的有关批准文件，向市、县人民政府土地行政主管部门提出建设用地申请，由市、县人民政府土地行政主管部门审查，拟订供地方案，报市、县人民政府批准；需要上级人民政府批准的，应当报上级人民政府批准。

（三）供地方案经批准后，由市、县人民政府向建设单位颁发建设用地批准书。有偿使用国有土地的，由市、县人民政府土地行政主管部门与土地使用者签订国有土地有偿使用合同；划拨使用国有土地的，由市、县人民政府土地行政主管部门向土地使用者核发国有土地划拨决定书。

（四）土地使用者应当依法申请土地登记。

通过招标、拍卖方式提供国有建设用地使用权的，由市、县人民政府土地行政主管部门会同有关部门拟订方案，报市、县人民政府批准后，由市、县人民政府土地行政主管部门组织实施，并与土地使用者签订土地有偿使用合同。土地使用者应当依法申请土地登记。

第二十三条 具体建设项目需要使用土地的，必须依法申请使用土地利用总体规划确定的城市建设用地范围内的国有建设用地。能源、交通、水利、矿山、军事设施等建设项目确需使用土地利用总体规划确定的城市建设用地范围外的土地，涉及农用地的，按照下列规定办理：

（一）建设项目可行性研究论证时，由土地行政主管部门对建设项目用地有关事项进行审查，提出建设项目用地预审报告；可行性研究报告报批时，必须附具土地行政主管部门出具的建设项目用地预审报告。

（二）建设单位持建设项目的有关批准文件，向市、县人民政府土地行政主管部门提出建设用地申请，由市、县人民政府土地行政主管部门审查，拟订农用地转用方案、补充耕地方案、征收土地方案和供地方案（涉及国有农用地的，不拟订征收土地方案），经市、县人民政府审核同意后，逐级上报有批准权的人民政府批准；其中，补充耕地方案由批准农用地转用方案的人民政府在批准农用地转用方案时一并批准；供地方案由批准征收土地的人民政府在批准征收土地方案时一并批准（涉及国有农用地的，供地方案由批准农用地转用的人民政府在批准农用地转用方案时一并批准）。

（三）农用地转用方案、补充耕地方案、征收土地方案和供地方案经批准后，由市、县人民政府组织实施，向建设单位颁发建设用地批准书。有偿使用国有土地的，由市、县人民政府土地行政主管部门与土地使用者签订国有土地有偿使用合同；划拨使用国有土地的，由市、县人民政府土地行政主管部门向土地使用者核发国有土地划拨决定书。

（四）土地使用者应当依法申请土地登记。

建设项目确需使用土地利用总体规划确定的城市建设用地范围外的土地，涉及农民集体所有的未利用地的，只报批征收土地方案和供地方案。

第二十四条 具体建设项目需要占用土地利用总体规划确定的国有未利用地的，按照省、自治区、直辖市的规定办理；但是，国家重点建设项目、军事设施和跨省、自治区、直辖市行政区域的建设项目以及国务院规定的其他建设项目用地，应当报国务院批准。

第二十五条 征收土地方案经依法批准后，由被征收土地所在地的市、县人民政府组织实施，并将批准征地机关、批准文号、征收土地的用途、范围、面积以及征地补偿标准、农业人员安置办法和办理征地补偿的期限等，在被征收土地所在地的乡（镇）、村予以公告。

被征收土地的所有权人、使用权人应当在公告规定的期限内，持土地权属证书到公告指定的人民政府土地行政主管部门办理征地补偿登记。

市、县人民政府土地行政主管部门根据经批准的征收土地方案，会同有关部门拟订征地补偿、安置方案，在被征收土地所在地的乡（镇）、村予以公告，听取被征收土地的农村集体经济组织和农民的意见。征地补偿、安置方案报市、县人民政府批准后，由市、县人民政府土地行政主管部门组织实施。对补偿标准有争议的，由县级以上地方人民政府协调；协调不成的，由批准征收土地的人民政府裁决。征地补偿、安置争议不影响征收土地方案的实施。

征收土地的各项费用应当自征地补偿、安置方案批准之日起3个月内全额支付。

第二十六条 土地补偿费归农村集体经济组织所有；地上附着物及青苗补偿费归地上附着物及青苗的所有者所有。

征收土地的安置补助费必须专款专用，不得挪作他用。需要安置的人员由农村集体经济组织安置的，安置补助费支付给农村集体经济组织，由农村集体经济组织管理和使用；由其他单位安置的，安置补助费支付给安置单位；不需要统一安置的，安置补助费发放给被安置人员个人或者征得被安置人员同意后用于支付被安置人员的保险费用。

市、县和乡（镇）人民政府应当加强对安置补助费使用情况的监督。

第二十七条 抢险救灾等急需使用土地的，可以先行使用土地。其中，属于临时用地的，灾后应当恢复原状并交还原土地使用者使用，不再办理用地审批手续；属于永久性建设用地的，建设单位应当在灾情结束后6个月内申请补办建设用地审批手续。

第二十八条 建设项目施工和地质勘查需要临时占用耕地的，土地使用者应当自临时用地期满之日起1年内恢复种植条件。

第二十九条 国有土地有偿使用的方式包括：

（一）国有土地使用权出让；

（二）国有土地租赁；

（三）国有土地使用权作价出资或者入股。

第三十条 《土地管理法》第五十五条规定的新增建设用地的土地有偿使用费，是指国家在新增建设用地中应取得的平均土地纯收益。

第六章 监督检查

第三十一条 土地管理监督检查人员应当经过培训，经考核合格后，方可从事土地管理监督检查工作。

第三十二条 土地行政主管部门履行监督检查职责，除采取《土地管理法》第六十七条规定的措施外，还可以采取下列措施：

（一）询问违法案件的当事人、嫌疑人和证人；

（二）进入被检查单位或者个人非法占用的土地现场进行拍照、摄像；

（三）责令当事人停止正在进行的土地违法行为；

（四）对涉嫌土地违法的单位或者个人，停止办理有关土地审批、登记手续；

（五）责令违法嫌疑人在调查期间不得变卖、转移与案件有关的财物。

第三十三条 依照《土地管理法》第七十二条规定给予行政处分的，由责令作出行政处罚决定或者直接给予行政处罚决定的上级人民政府土地行政主管部门作出。对于警告、记过、记大过的行政处分决定，上级土地行政主管部门可以直接作出；对于降级、撤职、开除的行政处分决定，上级土地行政主管部门应当按照国家有关人事管理权限和处理程序的规定，向有关机关提出行政处分建议，由有关机关依法处理。

第七章 法律责任

第三十四条 违反本条例第十七条的规定，在土地利用总体规划确定的禁止开垦区内进行开垦的，由县级以上人民政府土地行政主管部门责令限期改正；逾期不改正的，依照《土地管理法》第七十六条的规定处罚。

第三十五条 在临时使用的土地上修建永久性建筑物、构筑物的，由县级以上人民政府土地行政主管部门责令限期拆除；逾期不拆除的，由作出处罚决定的机关依法申请人民法院强制执行。

第三十六条 对在土地利用总体规划制定前已建的不符合土地利用总体规划确定的用途的建筑物、构筑物重建、扩建的，由县级以上人民政府土地行政主管部门责令限期拆除；逾期不拆除的，由作出处罚决定的机关依法申请人民法院强制执行。

第三十七条 阻碍土地行政主管部门的工作人员依法执行职务的，依法给予治安管理处罚或者追究刑事责任。

第三十八条 依照《土地管理法》第七十三条的规定处以罚款的，罚款额为非法所得的50%以下。

第三十九条 依照《土地管理法》第八十一条的规定处以罚款的，罚款额为非法所得的5%以上20%以下。

第四十条 依照《土地管理法》第七十四条的规定处以罚款的,罚款额为耕地开垦费的2倍以下。

第四十一条 依照《土地管理法》第七十五条的规定处以罚款的,罚款额为土地复垦费的2倍以下。

第四十二条 依照《土地管理法》第七十六条的规定处以罚款的,罚款额为非法占用土地每平方米30元以下。

第四十三条 依照《土地管理法》第八十条的规定处以罚款的,罚款额为非法占用土地每平方米10元以上30元以下。

第四十四条 违反本条例第二十八条的规定,逾期不恢复种植条件的,由县级以上人民政府土地行政主管部门责令限期改正,可以处耕地复垦费2倍以下的罚款。

第四十五条 违反土地管理法律、法规规定,阻挠国家建设征收土地的,由县级以上人民政府土地行政主管部门责令交出土地;拒不交出土地的,申请人民法院强制执行。

第八章 附 则

第四十六条 本条例自1999年1月1日起施行。1991年1月4日国务院发布的《中华人民共和国土地管理法实施条例》同时废止。

肥料登记管理办法

第一章 总 则

第一条 为了加强肥料管理，保护生态环境，保障人畜安全，促进农业生产，根据《中华人民共和国农业法》等法律法规，制定本办法。

第二条 在中华人民共和国境内生产、经营、使用和宣传肥料产品，应当遵守本办法。

第三条 本办法所称肥料，是指用于提供、保持或改善植物营养和土壤物理、化学性能以及生物活性，能提高农产品产量，或改善农产品品质，或增强植物抗逆性的有机、无机、微生物及其混合物料。

第四条 国家鼓励研制、生产和使用安全、高效、经济的肥料产品。

第五条 实行肥料产品登记管理制度，未经登记的肥料产品不得进口、生产、销售和使用，不得进行广告宣传。

第六条 肥料登记分为临时登记和正式登记两个阶段：

（一）临时登记：经田间试验后，需要进行田间示范试验、试销的肥料产品，生产者应当申请临时登记。

（二）正式登记：经田间示范试验、试销可以作为正式商品流通的肥料产品，生产者应当申请正式登记。

第七条 农业部负责全国肥料登记和监督管理工作。

省、自治区、直辖市人民政府农业行政主管部门协助农业部做好本行政区域内的肥料登记工作。

县级以上地方人民政府农业行政主管部门负责本行政区域内的肥料监督管理工作。

第二章 登记申请

第八条 凡经工商注册，具有独立法人资格的肥料生产者均可提出肥料登记申请。

第九条 农业部制定并发布《肥料登记资料要求》。

肥料生产者申请肥料登记，应按照《肥料登记资料要求》提供产品化学、肥效、安全性、标签等方面资料和有代表性的肥料样品。

第十条 农业部种植业管理司负责或委托办理肥料登记受理手续，并审查登记申请资料是否齐全。

境内生产者申请肥料临时登记，其申请登记资料应经其所在地省级农业行政主管部门初审后，向农业部种植业管理司或其委托的单位提出申请。

第十一条 生产者申请肥料临时登记前，须在中国境内进行规范的田间试验。

生产者申请肥料正式登记前，须在中国境内进行规范的田间示范试验。

对有国家标准或行业标准，或肥料登记评审委员会建议经农业部认定的产品类型，可相应减免田间试验和/或田间示范试验。

第十二条 境内生产者生产的除微生物肥料以外的肥料产品田间试验，由省级以上农业行政主管部门认定的试验单位承担，并出具试验报告；微生物肥料、国外以及港、澳、台地区生产者生产的肥料产品田间试验，由农业部认定的试验单位承担，并出具试验报告。

肥料产品田间示范试验，由农业部认定的试验单位承担，并出具试验报告。

省级以上农业行政主管部门在认定试验单位时，应坚持公正的原则，综合考虑农业技术推广、科研、教学试验单位。

经认定的试验单位应接受省级以上农业行政主管部门的监督管理。试验单位对所出具的试验报告的真实性承担法律责任。

第十三条 有下列情形的肥料产品，登记申请不予受理：

（一）没有生产国使用证明（登记注册）的国外产品；

（二）不符合国家产业政策的产品；

（三）知识产权有争议的产品；

（四）不符合国家有关安全、卫生、环保等国家或行业标准要求的产品。

第十四条 对经农田长期使用，有国家或行业标准的下列产品免予登记：

硫酸铵，尿素，硝酸铵，氰氨化钙，磷酸铵（磷酸一铵、二铵），硝酸磷肥，过磷酸钙，氯化钾，硫酸钾，硝酸钾，氯化铵，碳酸氢铵，钙镁磷肥，磷酸二氢钾，单一微量元素肥，高浓度复合肥。

第三章 登记审批

第十五条 农业部负责全国肥料的登记审批、登记证发放和公告工作。

第十六条 农业部聘请技术专家和管理专家组织成立肥料登记评审委员会，负责对申请登记肥料产品的产品化学、肥效和安全性等资料进行综合评审。

第十七条 农业部根据肥料登记评审委员会的综合评审意见，审批、发放肥料临时登记证或正式登记证。

肥料登记证使用《中华人民共和国农业部肥料审批专用章》。

第十八条 农业部对符合下列条件的产品直接审批、发放肥料临时登记证：

（一）有国家或行业标准，经检验质量合格的产品。

（二）经肥料登记评审委员会建议并由农业部认定的产品类型，申请登记资料齐全，经检验质量合格的产品。

第十九条 农业部根据具体情况决定召开肥料登记评审委员会全体会议。

第二十条 肥料商品名称的命名应规范，不得有误导作用。

第二十一条 肥料临时登记证有效期为一年。肥料临时登记证有效期满，需要继续生产、销售该产品的，应当在有效期满两个月前提出续展登记申请，符合条件的经农业部批准续展登记。续展有效期为一年。续展临时登记最多不能超过两次。

肥料正式登记证有效期为五年。肥料正式登记证有效期满，需要继续生产、销售该产品的，应当在有效期满六个月前提出续展登记申请，符合条件的经农业部批准续展登记。续展有效期为五年。

登记证有效期满没有提出续展登记申请的，视为自动撤销登记。登记证有效期满后提出续展登记申请的，应重新办理登记。

第二十二条 经登记的肥料产品，在登记有效期内改变使用范围、商品名称、企业名称的，应申请变更登记；改变成分、剂型的，应重新申请登记。

第四章　登记管理

第二十三条 肥料产品包装应有标签、说明书和产品质量检验合格证。标签和使用说明书应当使用中文，并符合下列要求：

（一）标明产品名称、生产企业名称和地址；

（二）标明肥料登记证号、产品标准号、有效成分名称和含量、净重、生产日期及质量保证期；

（三）标明产品适用作物、适用区域、使用方法和注意事项；

（四）产品名称和推荐适用作物、区域应与登记批准的一致；

禁止擅自修改经过登记批准的标签内容。

第二十四条 取得登记证的肥料产品,在登记有效期内证实对人、畜、作物有害,经肥料登记评审委员会审议,由农业部宣布限制使用或禁止使用。

第二十五条 农业行政主管部门应当按照规定对辖区内的肥料生产、经营和使用单位的肥料进行定期或不定期监督、检查,必要时按照规定抽取样品和索取有关资料,有关单位不得拒绝和隐瞒。对质量不合格的产品,要限期改进。对质量连续不合格的产品,肥料登记证有效期满后不予续展。

第二十六条 肥料登记受理和审批单位及有关人员应为生产者提供的资料和样品保守技术秘密。

第五章 罚 则

第二十七条 有下列情形之一的,由县级以上农业行政主管部门给予警告,并处违法所得3倍以下罚款,但最高不得超过30000元;没有违法所得的,处10000元以下罚款:

(一) 生产、销售未取得登记证的肥料产品;

(二) 假冒、伪造肥料登记证、登记证号的;

(三) 生产、销售的肥料产品有效成分或含量与登记批准的内容不符的。

第二十八条 有下列情形之一的,由县级以上农业行政主管部门给予警告,并处违法所得3倍以下罚款,但最高不得超过20000元;没有违法所得的,处10000元以下罚款:

(一) 转让肥料登记证或登记证号的;

(二) 登记证有效期满未经批准续展登记而继续生产该肥料产品的;

(三) 生产、销售包装上未附标签、标签残缺不清或者擅自修改标签内容的。

第二十九条 肥料登记管理工作人员滥用职权,玩忽职守、徇私舞弊、索贿受贿,构成犯罪的,依法追究刑事责任;尚不构成犯罪的,依法给予行政处分。

第六章 附 则

第三十条 生产者办理肥料登记,应按规定交纳登记费。

生产者进行田间试验和田间示范试验,应按规定提供有代表性的试验样品并支付试验费。试验样品须经法定质量检测机构检测确认样品有效成分及其含量与标明值相符,方可进行试验。

第三十一条 省、自治区、直辖市人民政府农业行政主管部门负责本行政区域内的复混肥、配方肥（不含叶面肥）、精制有机肥、床土调酸剂的登记审批、登记证发放和公告工作。省、自治区、直辖市人民政府农业行政主管部门不得越权审批登记。

省、自治区、直辖市人民政府农业行政主管部门参照本办法制定有关复混肥、配方肥（不含叶面肥）、精制有机肥、床土调酸剂的具体登记管理办法，并报农业部备案。

省、自治区、直辖市人民政府农业行政主管部门可委托所属的土肥机构承担本行政区域内的具体肥料登记工作。

第三十二条 省、自治区、直辖市人民政府农业行政主管部门批准登记的复混肥、配方肥（不含叶面肥）、精制有机肥、床土调酸剂，只能在本省销售使用。如要在其他省区销售使用的，须由生产者、销售者向销售使用地省级农业行政主管部门备案。

第三十三条 下列产品适用本办法：

（一）在生产、积造有机肥料过程中，添加的用于分解、熟化有机物的生物和化学制剂；

（二）来源于天然物质，经物理或生物发酵过程加工提炼的，具有特定效应的有机或有机无机混合制品，这种效应不仅包括土壤、环境及植物营养元素的供应，还包括对植物生长的促进作用。

第三十四条 下列产品不适用本办法：

（一）肥料和农药的混合物；

（二）农民自制自用的有机肥料。

第三十五条 本办法下列用语定义为：

（一）配方肥是指利用测土配方技术，根据不同作物的营养需要、土壤养分含量及供肥特点，以各种单质化肥为原料，有针对性地添加适量中、微量元素或特定有机肥料，采用掺混或造粒工艺加工而成的，具有很强的针对性和地域性的专用肥料。

（二）叶面肥是指施于植物叶片并能被其吸收利用的肥料。

（三）床土调酸剂是指在农作物育苗期，用于调节育苗床土酸度（或pH值）的制剂。

（四）微生物肥料是指应用于农业生产中，能够获得特定肥料效应的含有特定微生物活体的制品，这种效应不仅包括了土壤、环境及植物营养元素的供应，还包括了其所产生的代谢产物对植物的有益作用。

（五）有机肥料是指来源于植物和/或动物，经发酵、腐熟后，施于土壤以提供植物养分为其主要功效的含碳物料。

（六）精制有机肥是指经工厂化生产的，不含特定肥料效应微生物的，商品化的有机肥料。

（七）复混肥是指氮、磷、钾三种养分中，至少有两种养分标明量的肥料，由化学方法和/或物理加工制成。

（八）复合肥是指仅由化学方法制成的复混肥。

第三十六条 本办法所称"违法所得"是指违法生产、经营肥料的销售收入。

第三十七条 本办法由农业部负责解释。

第三十八条 本办法自发布之日起施行。农业部1989年发布、1997年修订的《中华人民共和国农业部关于肥料、土壤调理剂及植物生长调节剂检验登记的暂行规定》同时废止。

参 考 文 献

[1] 宋志伟. 土壤肥料. 北京：高等教育出版社，2009
[2] 黄昌勇. 土壤学. 北京：中国农业出版社，2000
[3] 黄巧云. 土壤学. 北京：中国农业出版社，2006
[4] 吴礼树. 土壤肥料学. 北京：中国农业出版社，2004
[5] 沈其荣. 土壤肥料学通论. 北京：高等教育出版社，2005
[6] 王荫槐. 土壤肥料学. 北京：中国农业出版社，1994
[7] 毛知耘. 肥料学. 北京：中国农业出版社，1998
[8] 中华人民共和国主席令（第二十八号）. 全国人民代表大会常务委员会关于修改《中华人民共和国土地管理法》的决定. 中国政府网，2004
[9] 中华人民共和国国务院令第 256 号. 根据 2011 年 1 月 8 日《国务院关于废止和修改部分行政法规的决定》修订《中华人民共和国土地管理法实施条例》. 中国政府网，2011
[10] 中华人民共和国农业部令第 32 号.《肥料登记管理办法》. 中国政府网，2000